AF310214

TRIGONOMÉTRIE

RECTILIGNE ET SPHÉRIQUE.

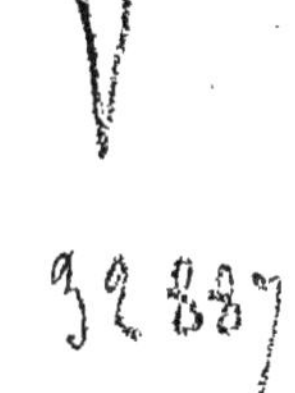

LIBRAIRIE DE MALLET-BACHELIER.

OUVRAGES DE M. BOURDON.

ÉLÉMENTS D'ARITHMÉTIQUE. 28e édition, rédigée conformément aux nouveaux Programmes de l'enseignement dans les Lycées.
In-8; 1853. (*Adopté par l'Université.*)........................ 5 fr.

APPLICATION DE L'ALGÈBRE A LA GÉOMÉTRIE, com-
prenant la Géométrie analytique à deux et à trois dimensions. 5e édition, rédigée conformément aux nouveaux *Programmes de l'Enseignement dans les Lycées;* 1 fort vol. in-8, avec 10 planches; 1854. (*Adopté
par l'Université.*).................................... 7 fr. 50 c.

TRIGONOMÉTRIE RECTILIGNE ET SPHÉRIQUE, rédigée
conformément aux nouveaux *Programmes* de l'enseignement dans les
Lycées. In-8, avec figures dans le texte; 1854 (*Adopté par l'Université.*).. 3 fr.

ÉLÉMENTS D'ALGÈBRE. 10e édition; in-8; 1848. (*Adopté par
l'Université.*) .... 8 fr.

THÈSE DE MÉCANIQUE. In-8; 1811.. .... 2 fr. 50 c.

BOURDON et VINCENT, professeur de Mathématiques au Collège
Saint-Louis. — **Cours de Géométrie élémentaire**. 5e édition; in-8,
avec planches; 1844. (*Adopté par l'Université*)............... 7 fr.

BOURDON et VINCENT. — **Abrégé du Cours de Géométrie**.
In-8, avec planches; 1854. (*Adopté par l'Université.*).......... 4 fr.

PARIS. — IMPRIMERIE DE MALLET-BACHELIER,
rue du Jardinet, no 12.

TRIGONOMÉTRIE

RECTILIGNE ET SPHÉRIQUE,

Par M. BOURDON,

Commandeur de la Légion d'honneur, conseiller honoraire de l'Université, ancien
Examinateur d'admission à l'École Polytechnique, et Membre
de plusieurs Sociétés savantes.

OUVRAGE ADOPTÉ PAR L'UNIVERSITÉ.

Rédigée conformément aux nouveaux Programmes de l'enseignement
dans les Lycées.

PARIS,

MALLET-BACHELIER, IMPRIMEUR-LIBRAIRE

DU BUREAU DES LONGITUDES, DE L'ÉCOLE POLYTECHNIQUE,

QUAI DES AUGUSTINS, 55.

1854

(L'Éditeur de cet ouvrage se réserve le droit de traduction.)

AVIS DE L'AUTEUR.

En préparant une cinquième édition de mon *Application de l'Algèbre à la Géométrie*, j'ai cru devoir en détacher le second chapitre, qui était consacré à la Trigonométrie. Ce chapitre forme le Traité que je donne aujourd'hui au public. En le réimprimant à part, j'en ai modifié quelques détails pour le mettre en harmonie avec les nouveaux *Programmes de l'Enseignement*. Le principal de ces changements consiste à introduire, dès le début, dans toutes les formules, les rapports des lignes trigonométriques au rayon. La nouvelle division de la circonférence n'ayant pas prévalu, je suis revenu à l'ancienne, que j'avais déjà employée pour les applications.

Tel qu'il est, ce Traité peut servir à la préparation des élèves aux diverses Écoles du Gouvernement. On a marqué d'un astérisque * les articles qui ne sont exigés que des aspirants à l'École Polytechnique, et imprimé en petits caractères les articles, en petit nombre, qui ne sont exigés pour aucune école.

Deux Tables terminent l'ouvrage : l'une est la *Table analytique des matières;* l'autre est la simple reproduction du *Programme officiel,* avec l'indication des numéros où l'on trouvera la solution des diverses questions de ce Programme.

TRIGONOMÉTRIE
RECTILIGNE ET SPHÉRIQUE.

INTRODUCTION.

1. Lorsqu'on veut traiter par le calcul une question de géométrie, on a souvent à considérer, non-seulement les grandeurs des lignes, mais encore leurs inclinaisons mutuelles. Il s'ensuit que, pour certains problèmes, la détermination d'une ligne doit dépendre nécessairement de la grandeur d'un ou de plusieurs angles.

Soit, pour exemple, la question suivante : *Une droite AB (fig. 1) étant donnée de longueur, ainsi que les*

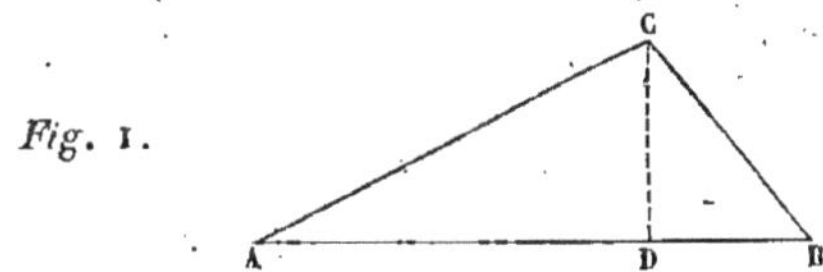

Fig. 1.

angles CAB, CBA, *qu'elle forme avec deux droites indéfinies* AC, BC, *on demande la hauteur* CD *à laquelle les deux lignes* AC, BC *se rencontrent.*

Il est bien évident que la valeur de CD dépend *explicitement* de la grandeur de AB et de celle des angles CAB, CBA ; et si l'on veut appliquer le calcul à la détermination de CD, on est conduit à rechercher des relations numériques entre ces différentes grandeurs, dont les unes sont des lignes droites et les autres sont angulaires.

Au premier abord, on a de la peine à concevoir comment on peut faire entrer les angles dans les calculs. Cependant les géomètres y sont parvenus, en substituant aux angles ou aux arcs qui leur servent de mesure les grandeurs de certaines lignes droites ayant une liaison intime avec eux.

Ils avaient d'abord imaginé de substituer aux arcs décrits avec un rayon déterminé et constant pour tous, les cordes qui les sous-tendent; et, pour cela, ils avaient construit des Tables renfermant, d'une part, les grandeurs des arcs exprimées en *degrés, minutes, secondes, etc.*, et, de l'autre, les valeurs des cordes, ou plutôt *les rapports de ces cordes avec le rayon*. Au moyen de ces Tables on pouvait toujours, *un arc étant donné*, déterminer la *corde correspondante*, et réciproquement, *une corde étant donnée*, déterminer *l'arc ou l'angle correspondant*. Ainsi la résolution d'un problème se réduisait, en dernière analyse, à former des relations entre des lignes droites.

Mais, depuis, on a beaucoup simplifié la question, en remplaçant les cordes par d'autres droites dont le calcul n'est pas plus difficile et que l'on compare plus aisément aux côtés des figures.

2. C'est *dans la détermination des rapports de ces lignes avec le rayon du cercle dont elles font partie, et dans l'application des Tables qui renferment ces rapports, à la résolution numérique des triangles (soit rectilignes, soit sphériques); que consiste la* TRIGONOMÉTRIE.

Ce Traité comprendra naturellement trois parties :

1°. Une étude des propriétés des lignes trigonométriques, indépendamment de toute application spéciale, OU TRIGONOMÉTRIE GÉNÉRALE;

2°. L'application de ces propriétés à la résolution des triangles rectilignes, ou TRIGONOMÉTRIE RECTILIGNE;

3°. L'application de ces mêmes propriétés à la résolution des triangles sphériques, ou TRIGONOMÉTRIE SPHÉRIQUE.

CHAPITRE PREMIER.

TRIGONOMÉTRIE GÉNÉRALE.

RELATIONS ENTRE LES LIGNES TRIGONOMÉTRIQUES. — DÉTERMINATION DES FORMULES PRINCIPALES. — CONSTRUCTION DES TABLES.

3. Commençons par faire connaître la nature des *lignes trigonométriques*, c'est-à-dire de ces lignes que l'on est convenu d'introduire dans le calcul à la place des arcs ou des angles.

Soient AGBG′ (*fig.* 2) une circonférence décrite avec

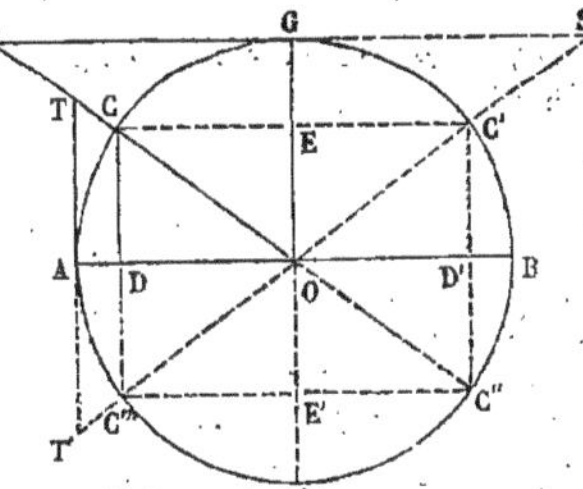

Fig. 2.

un rayon OA pris pour *unité*, AC l'arc qui mesure un angle AOC, ayant un rapport quelconque avec l'angle droit AOG.

Du point C abaissons CD perpendiculaire sur le rayon OA, et CE perpendiculaire sur le rayon OG. Élevons au point A la perpendiculaire AT prolongée jusqu'à sa rencontre avec OC, et au point G la perpendiculaire GS prolongée aussi jusqu'à sa rencontre avec OC.

Cela posé, on appelle sɪɴᴜs *d'un arc ou d'un angle la perpendiculaire* CD *abaissée de l'une des extrémités* C *d'un arc sur le rayon qui passe par l'autre extrémité* A.

Il résulte de cette définition, que *le sinus d'un arc est la moitié de la corde qui sous-tend l'arc double.* En effet, prolongeons CD jusqu'à sa rencontre en C‴ avec la circonférence ; on sait que le rayon OA, perpendiculaire sur une corde CC‴, divise cette corde en deux parties égales, ainsi que l'arc sous-tendu ; donc CD est moitié de CC‴, qui sous-tend un arc double de AC.

La ᴛᴀɴɢᴇɴᴛᴇ *d'un arc est la perpendiculaire* AT *élevée à l'une des extrémités d'un arc et prolongée jusqu'à sa rencontre avec le rayon qui passe par l'autre extrémité.*

La sᴇ́ᴄᴀɴᴛᴇ *est la partie* OT *du rayon prolongé comprise entre le centre et la tangente.*

Comme on appelle *complément d'un arc* celui qui, joint au premier, forme un quart de circonférence, il s'ensuit que les lignes CE, GS, OS, représentent le *sinus,* la *tangente* et la *sécante* du complément CG de l'arc AC ; et on les nomme, par abréviation, ᴄᴏsɪɴᴜs, ᴄᴏᴛᴀɴɢᴇɴᴛᴇ et ᴄᴏsᴇ́ᴄᴀɴᴛᴇ de l'arc AC.

Nous observerons, par rapport au cosinus, que CE étant égal à OD, le ᴄᴏsɪɴᴜs d'un arc est encore *la partie du rayon comprise entre le centre et le pied du sinus.*

Outre ces lignes trigonométriques, on considère quelquefois deux autres lignes :

Le sɪɴᴜs ᴠᴇʀsᴇ AD, c'est-à-dire *la différence entre le rayon et le cosinus ;*

Le ᴄᴏsɪɴᴜs ᴠᴇʀsᴇ GE, ou *la différence entre le rayon et le sinus.*

Enfin, les huit lignes trigonométriques dont nous venons de parler peuvent être divisées en deux classes : les lignes *directes,* savoir : le sinus, la tangente, la sécante, le sinus verse d'un arc ; et les lignes *indirectes,* c'est-à-dire le sinus, la tangente, la sécante, le sinus verse, du *complément* de cet arc, ou bien le cosinus, la cotangente, etc. Cette distinction nous sera quelquefois utile.

4. Mais ce qu'il importe de connaître, ce qui caractérise un angle, c'est surtout le rapport de chacune des lignes trigonométriques de son arc au rayon.

Soient, en effet (*fig.* 3), AOB un certain angle, et AB,

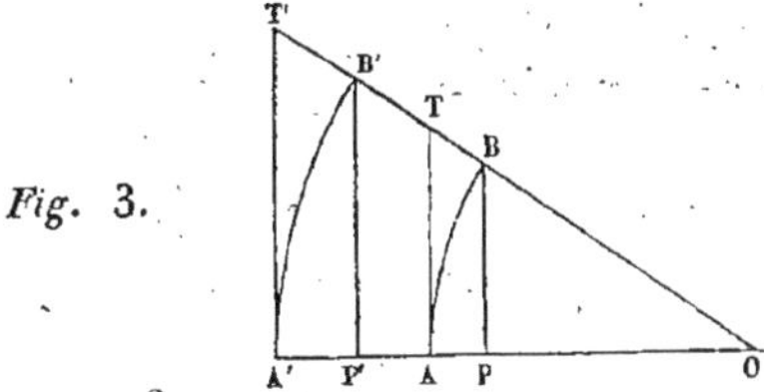

Fig. 3.

A'B' deux arcs décrits de son sommet comme centre avec les rayons OA et OA'; soient BP, B'P' les sinus de ces arcs. Les deux triangles OBP, OB'P' étant semblables, on aura

$$\frac{BP}{OP} = \frac{B'P'}{OP'};$$

on aurait de même pour les tangentes,

$$\frac{AT}{OA} = \frac{A'T'}{O'A'}.$$

On voit donc que ces rapports dépendront de l'angle AOB et nullement du rayon.

Pour cette raison, ayant décrit entre les côtés d'un angle, de son sommet pris pour centre, un *arc* terminé aux deux côtés de l'angle, nous appellerons, SINUS, COSINUS, etc., de l'*angle*, les RAPPORTS des SINUS, COSINUS, etc., de l'*arc* au rayon.

Il y a un moyen bien simple d'introduire ces rapports

dans toutes les formules : c'est de prendre pour unité le rayon du cercle auxiliaire qui nous sert à la construction des lignes trigonométriques. C'est ce que nous ferons dans toute la suite de ce Traité.

5. *Relations entre les lignes trigonométriques d'un même arc.* — La seule inspection de la *fig.* 2, page 9, fait reconnaître des triangles rectangles et semblables, au moyen desquels on peut établir des relations entre les six lignes trigonométriques principales. Mais, auparavant, il est nécessaire de convenir de quelques notations.

En appelant a l'arc AC, nous désignerons, conformément à l'usage établi, le sinus de l'arc a par $\sin a$, la tangente par $\tang a$, la sécante par $\séc a$, le cosinus par $\cos a$, la cotangente par $\cot a$, enfin la cosécante par $\coséc a$. (Nous écrivons les *cinq* premières lettres pour la cosécante, afin de ne pas la confondre avec le cosinus.)

En outre, lorsque nous aurons à exprimer qu'une de ces lignes, le sinus par exemple, doit être élevée à la 2ième, 3ième, ..., $m^{ième}$ puissance, nous écrirons $\sin^2 a$, $\sin^3 a$, ..., $\sin^m a$, et non pas $\sin a^2$, $\sin a^3$, etc., parce que ce n'est pas l'arc, mais bien le sinus de cet arc qui est élevé à une puissance.

De même, $\cos^2 a$, $\cos^3 a$, ..., $\cos^m a$, expriment la 2ième, 3ième, ..., $m^{ième}$ puissance de $\cos a$; et ainsi des autres.

Ces notations étant convenues, nous allons présenter le tableau des relations que l'on obtient, soit en considérant chacun des triangles rectangles ODC, OAT, OEC, OGS, séparément, soit en les comparant deux à deux (leur similitude peut être facilement établie).

Triangle ODC :

$$\overline{OC}^2 = \overline{CD}^2 + \overline{OD}^2,$$

ou, employant les notations et prenant le rayon pour

unité (n° 4),

$$(1) \qquad 1 = \sin^2 a + \cos^2 a.$$

Triangles semblables ODC, OAT :

$$\frac{OD}{OA} = \frac{DC}{AT},$$

c'est-à-dire

$$\frac{\cos a}{1} = \frac{\sin a}{\tang a};$$

donc

$$(2) \qquad \tang a = \frac{\sin a}{\cos a}.$$

Triangles semblables ODC, OAT :

$$\frac{OD}{OA} = \frac{OC}{OT},$$

ou

$$\frac{\cos a}{1} = \frac{1}{\séc a};$$

donc

$$(3) \qquad \séc a = \frac{1}{\cos a}.$$

Triangle rectangle OAT :

$$\overline{OT}^2 = \overline{OA}^2 + \overline{AT}^2,$$

ou bien

$$(4) \qquad \séc^2 a = 1 + \tang^2 a.$$

Triangles semblables OAT, OGS :

$$\frac{AT}{OA} = \frac{OG}{GS},$$

ou

$$\frac{\tang a}{1} = \frac{1}{\cot a};$$

donc

$$(5) \qquad \cot a = \frac{1}{\tang a}.$$

Triangles semblables OEC, OGS :

$$\frac{OE}{EC} = \frac{OG}{GS},$$

ou

$$\frac{\sin a}{\cos a} = \frac{1}{\cot a};$$

donc

$$(6) \qquad \cot a = \frac{\cos a}{\sin a},$$

Triangles semblables OEC, OGS :

$$\frac{OE}{OC} = \frac{OG}{OS},$$

ou

$$\frac{\sin a}{1} = \frac{1}{\operatorname{coséc} a};$$

donc

$$(7) \qquad \operatorname{coséc} a = \frac{1}{\sin a}.$$

Triangle rectangle OGS :

$$\overline{OS}^2 = \overline{OG}^2 + \overline{GS}^2,$$

ou bien

$$(8) \qquad \operatorname{coséc}^2 a = 1 + \cot^2 a.$$

6. *Première remarque.* — Les formules (6), (7) et (8) sont implicitement comprises dans les formules (2), (3) et (4).

En effet, comme celles-ci existent pour tout arc moindre que le quart de circonférence (ou 90 degrés, en adoptant la division sexagésimale), il s'ensuit qu'elles sont vraies pour l'arc exprimé par 90° — a. Ainsi, en remplaçant a par 90° — a dans la formule (2), on trouve

$$\tang(90° - a) = \frac{\sin(90° - a)}{\cos(90° - a)}.$$

Mais on a

$$\tan(90^\circ - a) = \cot a, \quad \sin(90^\circ - a) = \cos a,$$
$$\cos(90^\circ - a) = \sin[90^\circ - (90^\circ - a)] = \sin a;$$

donc

$$\cot a = \frac{\cos a}{\sin a}.$$

On reconnaîtra pareillement que, par la substitution de $90^\circ - a$ à la place de a, les formules

$$\sec a = \frac{1}{\cos a} \quad \text{et} \quad \sec^2 a = 1 + \tan^2 a$$

deviennent

$$\csc a = \frac{1}{\sin a} \quad \text{et} \quad \csc^2 a = 1 + \cot^2 a.$$

En général, *toutes les fois qu'on a obtenu une certaine relation entre des lignes trigonométriques d'un arc, les unes directes, les autres indirectes* (n° 3), *on peut en former une nouvelle par le simple changement des lignes directes en lignes indirectes correspondantes, et réciproquement.*

7. *Seconde remarque.* — Reprenons les formules précédentes :

$$(1) \quad \sin^2 a + \cos^2 a = 1, \qquad (4) \quad \sec^2 a = 1 + \tan^2 a,$$

$$(2) \quad \tan a = \frac{\sin a}{\cos a}, \qquad (6) \quad \cot a = \frac{\cos a}{\sin a},$$

$$(3) \quad \sec a = \frac{1}{\cos a}, \qquad (8) \quad \csc^2 a = 1 + \cot^2 a.$$

$$(5) \quad \cot a = \frac{1}{\tan a},$$

$$(7) \quad \csc a = \frac{1}{\sin a},$$

Nous mettons à part les formules (4), (6) et (8), parce que d'abord (6) est *implicitement* comprise dans (2), d'après la remarque précédente; en second lieu, (8) se déduit de (4), d'après la même remarque. Quant à la relation (4), elle est une conséquence de (1), (2) et (3).

En effet, la relation (2) donne

$$1 + \tang^2 a = 1 + \frac{\sin^2 a}{\cos^2 a} = \frac{\cos^2 a + \sin^2 a}{\cos^2 a},$$

ou, à cause de la relation (1),

$$1 + \tang^2 a = \frac{1}{\cos^2 a}.$$

Mais on a déjà

$$\séc a = \frac{1}{\cos a};$$

donc

$$1 + \tang^2 a = \séc^2 a.$$

Cela posé, il est évident, d'après l'inspection des formules (1), (2), (3), (5) et (7), *que la valeur numérique du sinus étant connue, on peut en déduire facilement celles des cinq autres lignes trigonométriques.*

La formule (1) donne

$$\cos a = \sqrt{1 - \sin^2 a},$$

et fait connaître le cosinus; les suivantes donnent les valeurs de $\tang a$, $\séc a$, $\cot a$ et $\coséc a$, par de simples divisions.

Généralement, comme ces formules renferment *six* quantités, il doit toujours être possible, connaissant *une* quelconque d'entre elles, de déterminer la valeur des *cinq* autres.

Toutefois, rien n'empêche, dans cette détermination, de faire usage des formules (4), (6) et (8), si la simplicité des calculs l'exige, puisqu'elles sont des conséquences des cinq premières.

Valeurs du sinus et du cosinus en fonction de la tangente. — Pour nous familiariser avec l'emploi de ces formules, nous supposerons, par exemple, *que l'on connaisse*, à priori, *la valeur de la tangente; et nous nous proposerons de déterminer le sinus et le cosinus.*

La question revient à résoudre les équations (1) et (2) par rapport à $\sin a$ et $\cos a$, en y considérant $\tang a$ comme connue.

On tire de l'équation (2)

$$\sin a = \tang a \cos a;$$

portant cette valeur dans (1), on a

$$\tang^2 a \cos^2 a + \cos^2 a = 1,$$
$$\cos^2 a \left(1 + \tang^2 a\right) = 1,$$

d'où l'on tire aisément

$$\cos a = \frac{1}{\sqrt{1 + \tang^2 a}},$$

et, portant cette valeur dans l'équation (2),

$$\sin a = \frac{\tang a}{\sqrt{1 + \tang^2 a}}.$$

DÉTERMINATION DES VALEURS CORRÉLATIVES.

8. Nous avons maintenant à nous occuper d'une des questions les plus délicates de la Trigonométrie : elle a pour objet de déterminer les *valeurs corrélatives* des lignes trigonométriques d'un arc, quand on suppose que cet arc passe par tous les états de grandeur par rapport à la circonférence entière. Dans la dénomination des *valeurs corrélatives*, nous comprenons, non-seulement l'idée des *rapports numériques* du sinus, cosinus, etc., avec le rayon, mais encore celle des *signes* qui correspondent aux diverses situations que ces lignes peuvent avoir les

B. 2

unes à l'égard des autres. (Carnot, *Traité de la Corréla-
tion des Figures.*)

Il semble, au premier abord, qu'il doive nous suffire
de considérer des arcs compris depuis o jusqu'à 180 degrés, puisque, dans les figures rectilignes ordinaires,
chacun des angles qu'elles renferment est moindre que
deux angles droits. Cependant les géomètres, dans la résolution des questions de *haute analyse*, ont été conduits
à rechercher quelles peuvent être les lignes trigonométriques même des arcs plus grands qu'une circonférence
entière.

Pour fixer les idées sur cette question, nous supposerons
qu'une droite de longueur finie, et dont l'une des extrémités est en O (*fig.* 2, page 9), étant d'abord couchée sur
OA, tourne ensuite autour de ce point et toujours dans le
même sens, de manière à prendre successivement les positions OG, OB, OG', OA; puis, qu'après être revenue dans
la position primitive OA, elle continue encore son mouvement. Il est clair que, dans ce mouvement continu, la
droite OA engendrera tous les angles possibles, et que
l'extrémité A parcourra successivement tous les points de
la circonférence AGBG'A. En outre, comme la droite,
après avoir fait le tour entier, ne cesse pas de se mouvoir,
l'arc total ainsi parcouru se composera d'*un nombre entier* de circonférences (nombre qui peut toutefois être
nul), plus d'une partie quelconque de circonférence.

Or *c'est dans la détermination des lignes trigonométriques des arcs de cette espèce que consiste la question
proposée.*

Nous nous occuperons d'abord spécialement du sinus
et du cosinus, parce que ce sont les lignes les plus usuelles.
Les formules (2), (3), (5) et (7) du n° 7 feront ensuite
connaître les valeurs correspondantes des quatre autres
lignes.

9. Mais avant de commencer cet examen, nous rappellerons ce principe établi par Descartes :

Si l'on considère sur une ligne quelconque différentes distances comptées à partir d'une origine commune, fixe sur cette ligne, on introduira dans le calcul les distances qui ont des situations opposées en affectant les unes du signe + et les autres du signe —.

Ce principe n'est au fond qu'une convention dont la suite de ce Traité fera comprendre la grande importance. Sa principale utilité consistera à rendre une même formule applicable à tous les cas particuliers que peut présenter une figure.

10. Lorsque le point décrivant est en A (*fig.* 2, page 9), ou bien lorsque l'arc est *nul*, il est évident que le sinus lui-même est *nul*, et que le cosinus est *égal au rayon*.

A mesure que le point décrivant s'élève au-dessus de AB, le sinus *augmente* et le cosinus *diminue*, jusqu'à ce que le point décrivant soit arrivé en G, auquel cas le sinus devient *égal au rayon*, et le cosinus est *nul*.

D'où l'on voit que l'arc croissant depuis o jusqu'à 90 degrés, le sinus augmente d'une manière continue depuis o jusqu'à 1; et au contraire le cosinus diminue depuis 1 jusqu'à o.

Supposons actuellement le point décrivant arrivé en C'; le sinus est alors C'D'; et, suivant la seconde définition du cosinus, le cosinus est OD'. Mais si par le point C' on mène C'C parallèle à AB, on a évidemment AC = C'B, *supplément* de AC' (on sait que le supplément d'un arc est ce qui lui manque pour valoir 180 degrés ou la demi-circonférence); on a aussi

$$C'D' = CD \quad \text{et} \quad OD' = OD.$$

Donc 1°. le sinus d'un arc plus grand que 90 degrés et

moindre que 180 degrés est *le même que le sinus de son supplément.*

2°. Comme les deux distances OD′ et OD sont égales, mais qu'elles sont comptées en sens contraires par rapport au point O, il s'ensuit (n° 9) qu'elles doivent être affectées de signes différents. Ainsi le cosinus d'un arc compris entre 90 et 180 degrés *est égal et de signe contraire au cosinus de son supplément.*

En termes abrégés,

$$\sin(180^\circ - a) = \sin a,$$
$$\cos(180^\circ - a) = -\cos a.$$

(*a* désignant l'arc C′B ou AC).

On peut encore motiver le changement de signe du cosinus de la manière suivante :

Le cosinus d'un arc étant le sinus du complément de cet arc, si l'arc est égal à $90^\circ + a$, le complément est $90^\circ - (90^\circ + a)$, ou bien $-a$, c'est-à-dire que ce complément est un arc négatif.

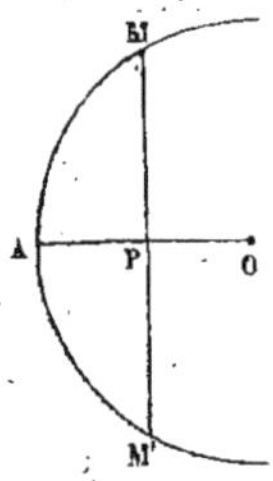

Or, si l'on considère un arc AM′ (*fig.* 4) égal à AM, mais situé en sens contraire de AM, on a évidemment (n° 9)

$$\sin AM' = -\sin AM \quad \text{ou} \quad \sin(-a) = -\sin a.$$

Remarquons, en passant, que le cosinus OP est le même pour les deux arcs AM′ et AM ; donc

$$\cos(-a) = +\cos a.$$

Revenons à notre objet. A mesure que le point décrivant se rapproche du point B (*fig.* 2, page 9), ou que l'arc augmente depuis 90 jusqu'à 180 degrés, le sinus *diminue* et le cosinus *augmente*, mais *négativement;* et lorsque le point décrivant tombe en B, le sinus redevient *nul*, et le cosinus *est égal à* — 1.

Soit le point décrivant arrivé en G″. Tirons le rayon C″O et prolongeons-le jusqu'à sa rencontre en C avec la circonférence, puis abaissons les perpendiculaires C″D′ et CD; on a nécessairement

$$BC'' = AC, \quad C''D' = CD \quad \text{et} \quad OD' = OD.$$

Mais comme C″D′ est compté, par rapport au diamètre AB, en sens contraire de CD, et qu'il en est de même de OD′ et de OD par rapport au point O, on peut conclure *que le sinus et le cosinus d'un arc plus grand que* 180 *et moindre que* 270 *degrés sont égaux et de signes contraires au sinus et au cosinus de l'arc dont celui que l'on considère surpasse* 180 *degrés.*

En termes abrégés,

$$\sin(180° + a) = -\sin a, \quad \cos(180° + a) = -\cos a.$$

Lorsque le point décrivant est en G′, le sinus devient égal à — 1, et le cosinus redevient *nul*.

Soit le point décrivant arrivé en C‴, ce qui donne un arc AGBG′C‴, compris entre 270 et 360 degrés : si l'on abaisse la perpendiculaire C‴D, et qu'on la prolonge jusqu'en C, ou aura

$$AC''' = AC \quad \text{et} \quad C'''D = CD;$$

d'ailleurs le cosinus OD est commun aux deux arcs AGBG′C‴ et AC. Ainsi *le sinus d'un arc compris entre* 270 *et* 360 *degrés est égal et de signe contraire au sinus de l'arc dont celui que l'on considère est surpassé par la circonférence entière, et le cosinus est le même pour les deux arcs;* ou bien

$$\sin(360° - a) = -\sin a, \quad \cos(360° - a) = \cos a.$$

Enfin, lorsque le point décrivant revient en A, auquel

cas l'arc parcouru est égal à une circonférence entière, le sinus et le cosinus *redeviennent les mêmes* que pour l'arc *nul;* et si l'on suppose que ce point, après avoir parcouru une ou plusieurs circonférences, repasse par les mêmes positions, il est évident que les sinus et cosinus reprendront les valeurs qui ont déjà été assignées.

11. Voyons maintenant ce que deviennent la tangente et la cotangente dans les mêmes circonstances.

La formule

$$\tan a = \frac{\sin a}{\cos a}$$

prouve que si l'arc est *nul*, la tangente est aussi *nulle,* puisque l'on a

$$\sin 0 = 0 \quad \text{et} \quad \cos 0 = 1.$$

L'arc augmentant, la tangente *augmente* aussi, puisque le sinus augmente et que le cosinus diminue; elle augmente même très-rapidement, et lorsqu'on suppose l'arc égal à 90 degrés, comme on a

$$\sin 90^\circ = 1 \quad \text{et} \quad \cos 90^\circ = 0,$$

il en résulte

$$\tan 90^\circ = \frac{1}{0};$$

c'est-à-dire que la tangente devient *infinie.* Cela est d'ailleurs évident d'après la figure, car alors la perpendiculaire élevée à l'extrémité A est parallèle au rayon qui passe par l'autre extrémité de l'arc.

Au delà de 90 degrés et en deçà de 180 degrés, la tangente devient *négative* et diminue numériquement, puisque le sinus et le cosinus sont de signes contraires, et que le sinus diminue tandis que le cosinus augmente; si l'arc devient égal à 180 degrés, la tangente redevient *nulle,* car

$$\sin 180^\circ = 0, \quad \cos 180^\circ = -1.$$

Pour un arc compris entre 180 et 270 degrés, la tangente redevient *positive*, puisque le sinus et le cosinus sont tous les deux *négatifs* : elle augmente d'ailleurs numériquement jusqu'à ce que l'arc soit égal à 270 degrés, auquel cas la tangente est égale à l'*infini négatif*; car

$$\sin 270° = -1 \quad \text{et} \quad \cos 270° = 0.$$

Enfin, pour un arc compris entre 270 et 360 degrés, la tangente est *négative*, puisque le sinus et le cosinus sont de *signes contraires* : elle diminue d'ailleurs *numériquement* jusqu'à ce que l'arc soit égal à 360 degrés ; et, dans ce cas, on retrouve

$$\tan 360° = 0.$$

Quant à la cotangente, il résulte de $\cot a = \dfrac{1}{\tan a}$ que, pour les signes, les cotangentes suivent la même loi que les tangentes. Pour la marche des valeurs numériques, elle est *inverse* de celle des tangentes. Ainsi, pour l'arc *nul*, la cotangente est *infinie*; pour un arc de 90 degrés, la cotangente est *nulle*; etc.

N. B. — Le changement de signe des tangentes et cotangentes peut être motivé indépendamment des formules, et d'après la figure.

En effet, lorsque l'arc est AGC′, la tangente correspondante est, d'après la définition, représentée par AT′. Or AT′ est dans une situation contraire à AT, qui est la tangente de AC, supplément de AGC′. La cotangente est GS′, et cette ligne est aussi dans une situation contraire à GS.

Si nous considérons l'arc AGBC″, la tangente correspondante est nécessairement représentée par AT, qui est aussi la tangente de AC.

La cotangente est d'ailleurs GS; ainsi la tangente et la cotangente de AGBC″ sont *positives*.

Pour l'arc AGBG′C‴, la tangente redevient AT′ et la cotangente GS′; donc elles sont toutes deux *négatives*.

12. Il nous reste encore à examiner ce que deviennent la sécante et la cosécante.

Or les formules

$$\sec a = \frac{1}{\cos a}, \qquad \cosec\ a = \frac{1}{\sin a},$$

prouvent que, sous le rapport des signes, les sécantes suivent la même loi que les cosinus, et les cosécantes la même loi que les sinus.

Ainsi la sécante d'un arc compris entre 0 et 90 degrés, ou entre 270 et 360 degrés, est *positive*; la sécante d'un arc compris entre 90 et 270 degrés est négative. La cosécante d'un arc compris entre 0 et 180 degrés est *positive*; et la cosécante d'un arc compris entre 180 et 360 degrés est *négative*.

Quant aux valeurs numériques, la sécante est en *raison inverse* du cosinus, et la cosécante en raison inverse du sinus.

Ainsi, pour $a = 0$, on a

$$\cos 0 = 1 \quad \text{et} \quad \sec 0 = 1;$$

mais à mesure que l'arc augmente, la sécante *augmente*, tandis que le cosinus *diminue*, jusqu'à ce que l'on soit parvenu à l'arc de 90 degrés, auquel cas la sécante est *infinie*, tandis que le cosinus est *nul*, etc.

Même raisonnement pour la cosécante comparée au sinus.

13. *N. B.* — Le changement de signe de la sécante et de la cosécante ne peut être vérifié au moyen de la figure, comme on l'a fait pour les autres lignes trigonométriques, parce que ce ne sont plus des distances d'un point variable

à un point ou à une droite fixe, comptées sur une même ligne, et qu'alors on ne saurait leur appliquer le principe du n° 9. Toutefois ce changement de signe correspond à une circonstance très-remarquable. Lorsque l'arc est compris entre o et 90 degrés, ou entre 270 et 360 degrés, auquel cas la sécante est *positive*, le point décrivant C ou C''' est situé entre le centre et l'extrémité T ou T' de la sécante. Mais si l'arc est compris entre 90 et 270 degrés, auquel cas la sécante est *négative*, le point décrivant C' ou C'' est placé sur le prolongement de la sécante qui est encore représentée par OT ou OT'. Ce point est donc, en quelque sorte, par rapport au centre, dans un sens opposé à celui du point C ou C'''. On ferait une observation analogue pour la cosécante.

Ce n'est pas sans motif que nous avons fait usage de la figure pour déterminer les signes des différentes lignes trigonométriques. Comme les formules du n° 5 n'avaient été établies que pour les arcs au-dessous de 90 degrés, l'accord qui existe entre les résultats qu'elles fournissent et ceux que donne la figure, en vertu du principe (n° 9), prouve l'exactitude de ces formules pour tous les arcs possibles; et le principe que nous venons de citer en reçoit une nouvelle confirmation.

C'est ainsi que, dans toutes les sciences, les faits se fortifient et se confirment les uns au moyen des autres.

14. Comme, dans la suite, nous aurons souvent besoin de rappeler les valeurs corrélatives des lignes trigonométriques, nous croyons utile d'en présenter ici un tableau qu'on peut facilement dresser d'après ce qui précède.

TABLEAU

Des valeurs corrélatives des lignes trigonométriques.

ARC	SIN	COS	TANG	SÉC	COT	COSÉC
0^0	0	1	0	1	∞	∞
a	$+\sin a$	$+\cos a$	$+\operatorname{tang} a$	$+\sec a$	$+\cot a$	$+\operatorname{coséc} a$
$-a$	$-\sin a$	$+\cos a$	$-\operatorname{tang} a$	$+\sec a$	$-\cot a$	$-\operatorname{coséc} a$
$\frac{1}{2}\pi - a$	$+\cos a$	$+\sin a$	$+\cot a$	$+\operatorname{coséc} a$	$+\operatorname{tang} a$	$+\sec a$
$\frac{1}{2}\pi$	1	0	∞	∞	0	1
$\frac{1}{2}\pi + a$	$+\cos a$	$-\sin a$	$-\cot a$	$-\operatorname{coséc} a$	$-\operatorname{tang} a$	$+\sec a$
$\pi - a$	$+\sin a$	$-\cos a$	$-\operatorname{tang} a$	$-\sec a$	$-\cot a$	$+\operatorname{coséc} a$
π	0	-1	0	-1	∞	∞
$\pi + a$	$-\sin a$	$-\cos a$	$+\operatorname{tang} a$	$-\sec a$	$+\cot a$	$-\operatorname{coséc} a$
$\frac{3}{2}\pi - a$	$-\cos a$	$-\sin a$	$+\cot a$	$-\operatorname{coséc} a$	$+\operatorname{tang} a$	$-\sec a$
$\frac{3}{2}\pi$	-1	0	∞	∞	0	-1
$\frac{3}{2}\pi + a$	$-\cos a$	$+\sin a$	$-\cot a$	$+\operatorname{coséc} a$	$-\operatorname{tang} a$	$-\sec a$
$2\pi - a$	$-\sin a$	$+\cos a$	$-\operatorname{tang} a$	$+\sec a$	$-\cot a$	$-\operatorname{coséc} a$
2π	0	1	0	1	∞	∞
$2\pi + a$	$+\sin a$	$+\cos a$	$+\operatorname{tang} a$	$+\sec a$	$+\cot a$	$+\operatorname{coséc} a$
$2k\pi - a$	$-\sin a$	$+\cos a$	$-\operatorname{tang} a$	$+\sec a$	$-\cot a$	$-\operatorname{coséc} a$
$2k\pi + a$	$+\sin a$	$+\cos a$	$+\operatorname{tang} a$	$+\sec a$	$+\cot a$	$+\operatorname{coséc} a$
$(2k+1)\pi - a$	$+\sin a$	$-\cos a$	$-\operatorname{tang} a$	$-\sec a$	$-\cot a$	$+\operatorname{coséc} a$
$(2k+1)\pi + a$	$-\sin a$	$-\cos a$	$+\operatorname{tang} a$	$-\sec a$	$+\cot a$	$-\operatorname{coséc} a$

15. *Explication de ce tableau.* — Pour plus de simplicité, on a désigné par π la demi-circonférence ou l'arc de 180 degrés (c'est une notation déjà employée en géométrie, pour représenter le rapport de la circonférence au diamètre, c'est-à-dire la demi-circonférence dont le rayon est 1); a représente d'ailleurs un arc moindre que le quart de la circonférence, et k un nombre entier quelconque. Dès lors $\frac{1}{2}\pi$ exprime le *quart* de la circonférence, ou 90 degrés; $\frac{3}{2}\pi$ les *trois quarts*, ou 270 degrés; 2π la circonférence entière, ou 360 degrés; $2k\pi$ un nombre quelconque de circonférences; $(2k+1)\pi$ ou $2k\pi+\pi$ un nombre entier de circonférences, plus une demi-circonférence (*).

La première colonne verticale comprend tous les arcs que l'on peut avoir besoin de considérer. Ainsi, par exemple, $\frac{1}{2}\pi+a$ exprime un arc tel que AGC′, plus grand que le *quart* de la circonférence et moindre que la *moitié*; $\pi+a$ un arc tel que AGBC″, plus grand que la *demi*-circonférence et moindre que les *trois quarts*; et ainsi des autres.

La première bande horizontale contient les lettres initiales de chacune des six lignes trigonométriques; et chacune des petites cases la valeur corrélative de l'une des lignes trigonométriques qui correspond à un arc donné.

Cela posé, veut-on avoir, par exemple, la valeur de la tangente d'un arc tel que AGC′ (*fig.* 2, page 9) ?

(*) Ordinairement on suppose k positif; mais k peut aussi bien exprimer un *nombre entier négatif*; car on a.

$$\sin(-2k\pi+a) = -\sin(2k\pi-a) = +\sin a = \sin(2k\pi+a).$$

Pareillement

$$\cos(-2k\pi+a) = \cos(2k\pi+a) = +\cos a = \cos(2k\pi+a).$$

Comme cet arc est compris entre 90 et 180 degrés, il peut être représenté, soit par $\frac{1}{2}\pi + a$, soit par $\pi - a$.

PREMIER CAS. — *Descendez dans la colonne verticale, intitulée* tang, *jusqu'à la bande horizontale qui correspond à* $\frac{1}{2}\pi + a$; et vous trouvez, dans la petite case commune, $-\cot a$.

En effet, l'arc $\frac{1}{2}\pi + a$ a pour *supplément* $\frac{1}{2}\pi - a$, puisque ces deux arcs réunis forment π, ou la demi-circonférence; donc (n° 10)

$$\sin\left(\frac{1}{2}\pi + a\right) = \sin\left(\frac{1}{2}\pi - a\right) = +\cos a;$$

$$\cos\left(\frac{1}{2}\pi + a\right) = -\cos\left(\frac{1}{2}\pi - a\right) = -\sin a,$$

et, par conséquent,

$$\tang\left(\frac{1}{2}\pi + a\right) = \frac{\sin\left(\frac{1}{2}\pi + a\right)}{\cos\left(\frac{1}{2}\pi + a\right)} = \frac{+\cos a}{-\sin a} = -\cot a.$$

SECOND CAS. — *Descendez dans la même colonne verticale, jusqu'à la bande horizontale qui correspond à* $\pi - a$; et vous trouvez, dans la petite case commune, $-\tang a$.

En effet, $\pi - a$ ayant pour supplément a, il s'ensuit que

$$\sin(\pi - a) = +\sin a, \quad \cos(\pi - a) = -\cos a;$$

donc

$$\tang(\pi - a) = \frac{\sin(\pi - a)}{\cos(\pi - a)} = \frac{+\sin a}{-\cos a} = -\tang a.$$

On trouverait de même

$$\sec\left(\frac{3}{2}\pi + a\right) = +\cosec a, \quad \cot(2\pi - a) = -\cot a, \ldots$$

16. *Première remarque.* — Il résulte, tant de la figure que de l'inspection du tableau, que les lignes trigonométriques de tous les arcs plus grands que le quart de la circonférence ont les mêmes valeurs numériques que celles des arcs plus petits; il n'y a que les signes qui soient, les uns *positifs*, les autres *négatifs.* Sur les six lignes, il y en a toujours *quatre* négatives et *deux* positives pour les arcs compris entre 90 et 360 degrés.

Il faut encore observer que, si l'arc renferme dans son expression écrite un nombre *impair* de quarts de circonférence, la ligne trigonométrique que l'on considère, étant *directe*, se change dans la ligne *indirecte* correspondante, et réciproquement. C'est ainsi qu'on reconnaît que

$$\tang\left(\frac{3}{2}\pi + a\right) = + \cot a,$$

$$\cosec\left(\frac{3}{2}\pi + a\right) = -\sec a.$$

Mais si le nombre des quarts de circonférence *est pair*, la ligne que l'on considère a la même valeur (à l'exception du signe qui peut être différent) que la ligne *de même nom* de l'arc a.

Ainsi,

$$\cos(2\pi - a) = +\cos a , \quad \tang(\pi + a) = + \tang a.$$

17. *Seconde remarque.* — Des six lignes trigonométriques principales, *deux*, savoir : le sinus et le cosinus, sont toujours comprises entre deux limites déterminées $+1$ et -1. Elles peuvent passer tous les états de grandeur depuis o jusqu'à $+1$ et depuis o jusqu'à -1; mais elles ne dépassent jamais ces limites.

Deux autres, la sécante et la cosécante, peuvent devenir aussi grandes que l'on veut; mais elles ont $+1$ et -1 pour limites de décroissement, c'est-à-dire qu'elles croissent *positivement* depuis $+1$ jusqu'à l'*infini positif*, et *négativement* depuis -1 jusqu'à l'*infini négatif*; elles ne peuvent avoir de valeurs comprises entre $+1$ et -1.

Les deux dernières, enfin, la tangente et la cotangente, sont susceptibles de recevoir toutes les valeurs imaginables, depuis o jusqu'à l'*infini positif*, et depuis o jusqu'à l'*infini négatif*.

Cette remarque nous sera d'une très-grande utilité dans les applications de la Trigonométrie.

Nous ne saurions trop recommander aux commençants de se bien pénétrer des détails dans lesquels nous venons d'entrer sur *les valeurs corrélatives* des lignes trigonométriques.

DÉTERMINATION DES FORMULES PRINCIPALES.

18. Une des questions fondamentales de la Trigonoméirie, celle d'où dépend la construction des Tables, consiste *à déterminer le sinus et le cosinus de la somme ou de la différence de deux arcs, connaissant déjà le sinus et le cosinus de chacun de ces arcs.*

Fig. 5.

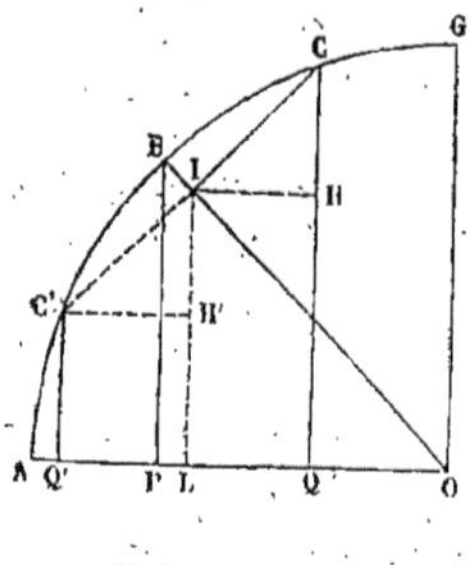

Soit AG un quart de cercle décrit avec un rayon déterminé OA (*fig.* 5); appelons a et b deux arcs donnés sur cette circonférence, a étant le plus grand. Prenons sur AG,

$$AB = a, \quad BC = b,$$

d'où

$$ABC = a + b;$$

portons BC de B en C', ce qui donne

$$AC' = a - b;$$

tirons la corde CC' et le rayon OB, qui est nécessairement perpendiculaire à CC' et tombe en son milieu I; puis abaissons les perpendiculaires BP, CQ et C'Q'.

On a nécessairement, d'après les définitions du sinus et du cosinus,

$$BP = \sin a, \quad OP = \cos a, \quad CI = \sin b, \quad OI = \cos b,$$
$$CQ = \sin(a + b), \quad OQ = \cos(a + b),$$
$$C'Q' = \sin(a - b), \quad OQ' = \cos(a - b).$$

Cela posé, il faut tâcher d'exprimer les quatre dernières lignes en fonction des quatre autres et du rayon.

Or, si par le point I nous menons IL perpendiculaire et IH parallèle à OA, nous formons ainsi des triangles semblables OBP, OIL, CIH, qui, comparés deux à deux, conduisent aux relations demandées.

En effet, la figure donne d'abord

$$CQ = \sin(a + b) = HQ + CH = IL + CH,$$
$$OQ = \cos(a + b) = OL - LQ = OL - IH.$$

Soit d'ailleurs mené C'H', parallèle à AO, jusqu'à sa rencontre en H' avec IL; les deux triangles C'IH', CIH sont égaux comme ayant un côté égal (C'I = CI) adjacent à deux angles égaux; ce qui donne

$$IH' = CH, \quad C'H' = IH = Q'L.$$

Donc

$$C'Q' = \sin(a - b) = H'L = IL - IH' = IL - CH,$$
$$OQ' = \cos(a - b) = OL + LQ' = OL + IH;$$

d'où l'on voit qu'en dernière analyse la question est ramenée à déterminer les quatre lignes IL, OL, CB, IH.

D'abord les triangles semblables OBP, OIL donnent les

proportions

$$\frac{IL}{BP} = \frac{OI}{OB}, \quad \text{ou} \quad \frac{IL}{\sin a} = \frac{\cos b}{1},$$

$$\frac{OL}{OP} = \frac{OI}{OB}, \quad \text{ou} \quad \frac{OL}{\cos a} = \frac{\cos b}{1};$$

d'où l'on déduit

$$IL = \sin a \cos b,$$

$$OL = \cos b \cos b.$$

En second lieu, les triangles OBP, CIH sont semblables, comme ayant leurs côtés respectivement perpendiculaires : ainsi l'on a les deux proportions

$$\frac{CH}{OP} = \frac{CI}{OB}, \quad \text{ou} \quad \frac{CH}{\cos a} = \frac{\sin b}{1},$$

$$\frac{IH}{BP} = \frac{CI}{OB}, \quad \text{ou} \quad \frac{IH}{\sin a} = \frac{\sin b}{1};$$

d'où l'on tire

$$CH = \cos a \sin b,$$

$$IH = \sin a \sin b.$$

Substituant ces valeurs dans les expressions de $\sin(a+b)$, $\sin(a-b)$, $\cos(a+b)$, $\cos(a-b)$, on obtient enfin

(A) $\qquad \sin(a \pm b) = \sin a \cos b \pm \sin b \cos a,$

(B) $\qquad \cos(a \pm b) = \cos a \cos b \mp \sin a \sin b,$

formules dans lesquelles les signes supérieurs se correspondent, ainsi que les signes inférieurs.

19. Dans la construction précédente, on a supposé chacun des arcs, et même leur somme, moindre que le quart de circonférence; mais on pourrait, par des constructions analogues, vérifier l'exactitude des formules dans tous les cas : seulement, il faudrait avoir égard aux *valeurs corrélatives* des lignes. Contentons-nous d'examiner l'un de ces nouveaux cas, celui *où l'un*

des arcs étant plus grand que 90 degrés, la somme est plus grande
que 180, et la différence aussi plus grande que 90 degrés.

Soient

d'où
$$AB = a, \quad BC = BC' = b;$$

$$ABC = a + b, \quad AC' = a - b \ (\textit{fig. } 6).$$

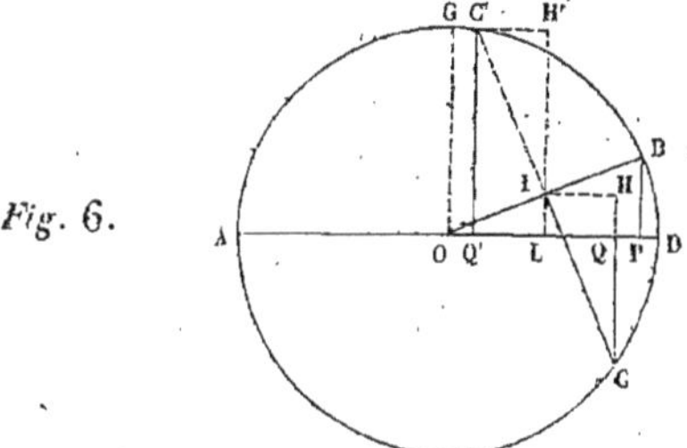

Fig. 6.

Tirons d'ailleurs, comme dans le cas précédent, le rayon OB
et la corde CC'; puis abaissons les perpendiculaires BP, CQ,
C'Q'; enfin, menons la perpendiculaire IL, et la parallèle IH
jusqu'à sa rencontre avec CQ prolongé, puis la parallèle C'H'
jusqu'à sa rencontre avec IL.

Cela fait, observons d'abord que les arcs AB, AC', étant compris entre 90 et 180 degrés, ont un sinus *positif* et un cosinus
négatif; ainsi

$$BP = \sin a, \quad \cos a = -OP, \quad \text{ou} \quad OP = -\cos a,$$
$$C'Q' = \sin(a - b), \quad \cos(a - b) = -OQ',$$

ou
$$OQ' = -\cos(a - b).$$

Quant à l'arc ABC dont le sinus et le cosinus sont à la fois
négatifs, on a

$$CQ = -\sin(a + b), \quad OQ = -\cos(a + b).$$

Maintenant, la figure donne

$$CQ = -\sin(a + b) = CH - HQ = CH - IL,$$
$$OQ = -\cos(a + b) = OL + LQ = OL + IH,$$
$$C'Q' = \sin(a - b) = H'L = H'I + IL = CH + IL,$$
$$OQ' = -\cos(a - b) = OL - LQ' = OL - IH.$$

Il ne s'agit donc plus que de calculer CH, IH, IL et OL, au moyen de triangles semblables OBP, CIH, et OBP, OIL.

Calculons seulement CH et IL, qui doivent servir à la détermination de $\sin(a + b)$.

Les triangles dont nous venons de parler donnent

$$\frac{CH}{OP} = \frac{CI}{OB}; \quad \text{ou} \quad \frac{CH}{-\cos a} = \frac{\sin b}{1},$$

$$\frac{IL}{BP} = \frac{OI}{OB}, \quad \text{ou} \quad \frac{IL}{\sin a} = \frac{\cos b}{1};$$

d'où

$$CH = -\cos a \sin b$$

et

$$IL = \sin a \cos b.$$

Substituant ces valeurs dans l'expression de CQ, on trouve

$$-\sin(a + b) = -\cos a \sin b - \sin a \cos b,$$

ou, changeant les signes,

$$\sin(a + b) = \sin a \cos b + \sin b \cos a.$$

On retrouverait de la même manière les trois autres formules.

20. *N. B.* —Quoique, en apparence, l'expression de $\sin(a + b)$ soit la somme de deux quantités, elle représente réellement une différence, parce que, dans le produit $\sin b \times \cos a$, $\cos a$ est *négatif,* comme étant le cosinus d'un arc compris entre 90 et 180 degrés. On ferait des remarques analogues par rapport aux trois autres expressions. Cela prouve d'ailleurs la nécessité d'avoir égard aux *valeurs corrélatives* lorsqu'on veut rendre les formules applicables à tous les cas.

21. Conséquences des formules (A) et (B).

Détermination du sinus et du cosinus d'un multiple quelconque d'un arc, en fonction du sinus et du cosinus de cet arc.

Reprenons les valeurs de $\sin(a + b)$ et de $\cos(a + b)$,

$$\sin(a + b) = \sin a \cos b + \sin b \cos a,$$
$$\cos(a + b) = \cos a \cos b - \sin a \sin b.$$

Supposons d'abord $b = a$; il en résulte

$$\sin 2a = 2 \sin a \cos a,$$
$$\cos 2a = \cos^2 a - \sin^2 a,$$

formules qui donnent *le sinus et le cosinus du double d'un arc, en fonction du sinus et du cosinus de cet arc.*

Soit maintenant $b = 2a$; il vient

$$\sin 3a = \sin a \cos 2a + \sin 2a \cos a,$$
$$\cos 3a = \cos a \cos 2a - \sin a \sin 2a,$$

où bien, mettant à la place de $\sin 2a$, $\cos 2a$, leurs valeurs, et réduisant,

$$\sin 3a = 3 \sin a \cos^2 a - \sin^3 a,$$
$$\cos 3a = \cos^3 a - 3 \cos a \sin^2 a.$$

Ces formules font connaître *le sinus et le cosinus du triple d'un arc, en fonction du sinus et du cosinus de cet arc.*

Soit encore $b = 3a$; on obtient

$$\sin 4a = \sin a \cos 3a + \sin 3a \cos a,$$
$$\cos 4a = \cos a \cos 3a - \sin a \sin 3a,$$

ou, remplaçant $\sin 3a$, $\cos 3a$, par leurs valeurs, et réduisant,

$$\sin 4a = 4 \sin a \cos^3 a - 4 \cos a \sin^3 a,$$
$$\cos 4a = \cos^4 a - 6 \cos^2 a \sin^2 a + \sin^4 a.$$

D'où l'on voit qu'on pourrait obtenir ainsi successivement le sinus et le cosinus d'*un multiple quelconque* d'un arc, au moyen du sinus et du cosinus de l'arc simple.

22. *Remarque.* — Les valeurs de $\sin 2a$, $\sin 3a$, $\sin 4a$, etc., prouvent que, si le sinus augmente en même temps que l'arc (tant que cet arc est au-dessous de 90 de-

grés), son accroissement n'est pas *proportionnel* à celui de l'arc.

En effet, $\cos a$ est toujours compris entre o et 1; ainsi $\cos a$, $\cos^2 a$, $\cos^3 a$, sont des fractions. Donc $2\sin a \cos a$ n'est qu'une partie de $2\sin a$. Il en est de même de $3\sin a \cos^2 a$, et, à plus forte raison, de $3\sin a \cos^2 a - \sin^3 a$, etc.

On le voit également d'après la formule

$$\sin(a+b) = \sin a \cos b + \sin b \cos a,$$

puisque $\cos a$ et $\cos b$ étant des fractions proprement dites, $\sin(a+b)$ n'est qu'une partie de $\sin a + \sin b$.

On reconnaît même par là que les sinus croissent beaucoup moins rapidement que les arcs.

23. *Détermination du sinus et du cosinus de la moitié d'un arc.*

Première méthode. — Combinons la formule

$$\cos 2a = \cos^2 a - \sin^2 a$$

avec la relation (1) du n° 7

$$1 = \cos^2 a + \sin^2 a.$$

On trouve d'abord, en les ajoutant,

$$1 + \cos 2a = 2\cos^2 a,$$

d'où l'on déduit

$$\cos^2 a = \frac{1 + \cos 2a}{2} \quad \text{et} \quad \cos a = \sqrt{\frac{1 + \cos 2a}{2}},$$

puis, en les soustrayant,

$$1 - \cos 2a = 2\sin^2 a;$$

donc

$$\sin^2 a = \frac{1 - \cos 2a}{2} \quad \text{et} \quad \sin a = \sqrt{\frac{1 - \cos 2a}{2}}.$$

Comme les arcs a et $2a$ sont liés entre eux de telle manière que le premier est la moitié du second, rien n'empêche de remplacer $2a$ par a, et par conséquent a par $\frac{1}{2}a$: ce qui donne les deux formules

$$\cos \tfrac{1}{2}\, a = \sqrt{\frac{1 + \cos a}{2}}, \quad \sin \tfrac{1}{2}\, a = \sqrt{\frac{1 - \cos a}{2}},$$

dont chacune comprend implicitement *deux* valeurs, à cause du double signe qui est censé placé au devant du radical.

Discussion. — Pour expliquer cette circonstance, nous observerons que lorsqu'un arc a est donné par son cosinus, on se donne en même temps les arcs $2k\pi + a$, $2k\pi - a$, puisque (tableau n° 14) on a

$$\cos (2k\pi \pm a) = \cos a.$$

Donc, si l'on demande $\sin \tfrac{1}{2}\, a$ ou $\cos \tfrac{1}{2}\, a$ en fonction de $\cos a$, le calcul doit donner en même temps les sinus des moitiés de tous les arcs compris dans l'expression générale $2k\pi \pm a$ (k étant un nombre entier quelconque qui peut être nul), ou bien les cosinus de ces mêmes moitiés, c'est-à-dire qu'on doit obtenir toutes les valeurs comprises dans $\sin \dfrac{2k\pi \pm a}{2}$, ou dans $\cos \dfrac{2k\pi \pm a}{2}$.

Cela posé, soit d'abord k un nombre pair, $2k'$; il vient

$$\sin \frac{4k'\pi \pm a}{2} = \sin \left(2k'\pi \pm \frac{a}{2} \right) = \pm \sin \frac{a}{2} \quad (\text{n}° \; \mathbf{15}),$$

ou

$$\cos \frac{4k'\pi \pm a}{2} = \cos \left(2k'\pi \pm \frac{a}{2} \right) = + \cos \frac{a}{2}.$$

Soit maintenant k un nombre impair, $2k' + 1$; on a

$$\sin \frac{4k'\pi + 2\pi \pm a}{2} = \sin\left(\pi \pm \frac{a}{2}\right) = \mp \sin \frac{a}{2},$$

ou

$$\cos \frac{4k'\pi + 2\pi \pm a}{2} = \cos\left(\pi \pm \frac{a}{2}\right) = - \cos \frac{a}{2}.$$

On voit donc que les valeurs correspondantes, soit au sinus, soit au cosinus de la moitié d'un arc, sont au nombre de *deux*, égales et de signes contraires.

24. *Deuxième méthode.* — D'après la marche qui vient d'être suivie, l'arc dont on demandait le sinus et le cosinus était supposé donné par son cosinus, puisque les résultats ne renferment que cette seule ligne. Si l'arc était donné par son sinus, il faudrait opérer de la manière suivante :

On aurait recours à la formule

$$\sin 2a = 2 \sin a \cos a,$$

dans laquelle on remplacerait $\cos a$ par $\sqrt{1 - \sin^2 a}$; ce qui donnerait

$$\sin 2a = 2 \sin a \sqrt{1 - \sin^2 a},$$

d'où, élevant au carré,

$$\sin^2 2a = 4 \sin^2 a . (1 - \sin^2 a);$$

ou, effectuant les calculs et ordonnant,

$$\sin^4 a - \sin^2 a = - \frac{1}{4} \sin^2 2a,$$

équation du quatrième degré résoluble à la manière de celle du deuxième degré.

Soit d'abord

$$\sin^2 a = y, \quad \text{d'où} \quad \sin a = \pm \sqrt{y};$$

il vient

$$y^2 - y = - \frac{1}{4} \sin^2 2a.$$

Donc

$$y = \frac{1}{2} \pm \frac{1}{2} \sqrt{1 - \sin^2 2a},$$

et, par conséquent,

$$\sin a = \pm \sqrt{\frac{1}{2} \pm \frac{1}{2} \sqrt{1 - \sin^2 2a}} \, ;$$

ou, en remplaçant $2a$ par a et a par $\frac{1}{2}a$,

$$\sin \frac{1}{2} a = \pm \sqrt{\frac{1}{2} \pm \frac{1}{2} \sqrt{1 - \sin^2 a}}.$$

Si, dans la formule

$$\sin 2a = 2 \sin a \cos a,$$

on substituait $\sqrt{1 - \cos^2 a}$ au lieu de $\sin a$, on trouverait, par une opération analogue,

$$\cos \frac{1}{2} a = \pm \sqrt{\frac{1}{2} \pm \frac{1}{2} \sqrt{1 - \sin^2 a}}.$$

N. B. — Ces deux résultats, qui ont été obtenus indépendamment l'un de l'autre, sont identiques ; mais, comme $\sin \frac{1}{2} a$ et $\cos \frac{1}{2} a$ sont liés entre eux par la relation

$$\sin^2 \frac{1}{2} a + \cos^2 \frac{1}{2} a = 1,$$

il s'ensuit que si l'on prend le signe supérieur du second radical pour le sinus, on doit prendre le signe inférieur pour le cosinus, et réciproquement : c'est-à-dire qu'on doit avoir

$$\sin \frac{1}{2} a = \pm \sqrt{\frac{1}{2} \pm \frac{1}{2} \sqrt{1 - \sin^2 a}},$$

$$\cos \frac{1}{2} a = \pm \sqrt{\frac{1}{2} \mp \frac{1}{2} \sqrt{1 - \sin^2 a}}.$$

Discussion. — Comme, en vertu du tableau n° 14, on a

$$\sin\left(2k\pi + a\right) = \sin a \quad \text{et} \quad \sin\left(2k\pi + \pi - a\right) = \sin a,$$

il s'ensuit que le même calcul doit donner les sinus ou les co-sinus des moitiés de tous les arcs compris dans les deux expressions $2k\pi + a$, $2k\pi + \pi - a$; c'est-à-dire qu'on doit obtenir en même temps toutes les valeurs comprises dans

$$\sin \frac{2k\pi + a}{2} \quad \text{et} \quad \sin \frac{2k\pi + \pi - a}{2},$$

ou

$$\cos \frac{2k\pi + a}{2} \quad \text{et} \quad \cos \frac{2k\pi + \pi - a}{2}.$$

Ne considérons d'abord que les deux expressions du sinus. Soit $k = 2k'$; il vient

$$\sin \frac{4k'\pi + a}{2} = \sin\left(2k'\pi + \frac{a}{2}\right) = + \sin \frac{a}{2},$$

$$\sin \frac{4k'\pi + \pi - a}{2} = \sin\left(\frac{\pi}{2} - \frac{a}{2}\right) = + \cos \frac{a}{2}.$$

Soit $k = 2k' + 1$; on a

$$\sin \frac{4k'\pi + 2\pi + a}{2} = \sin\left(\pi + \frac{a}{2}\right) = - \sin \frac{a}{2},$$

$$\sin \frac{4k'\pi + 3\pi - a}{2} = \sin\left(\frac{3}{2}\pi - \frac{a}{2}\right) = - \cos \frac{a}{2}.$$

On obtient donc ainsi *quatre* valeurs différentes,

$$+ \sin \frac{a}{2}, \quad + \cos \frac{a}{2}, \quad - \cos \frac{a}{2}, \quad - \sin \frac{a}{2}.$$

En opérant sur les expressions du cosinus, on trouverait également *quatre* valeurs qui seraient

$$+ \cos \frac{a}{2}, \quad + \sin \frac{a}{2}, \quad - \cos \frac{a}{2}, \quad - \sin \frac{a}{2}.$$

Ces résultats s'accordent d'ailleurs évidemment avec les formules que nous discutons.

Il nous reste cependant encore une difficulté à résoudre : c'est de *déterminer, parmi les quatre systèmes de valeurs du sinus et du cosinus, quel est celui qu'on doit prendre* lorsque l'on a en vue de calculer le sinus et le cosinus de la moitié d'un arc particulier; car il est certain qu'un même arc ne peut avoir qu'un seul sinus et un seul cosinus.

Supposons, pour fixer les idées, l'arc a au-dessous de 90 degrés, ce qui est le cas ordinaire. On a alors

$$\frac{1}{2}a < 45^\circ \quad \text{et} \quad 90^\circ - \frac{1}{2}a > 45^\circ;$$

d'où l'on déduit

$$\sin \frac{1}{2}a < \sin 45^\circ \quad \text{et} \quad \sin\left(90^\circ - \frac{1}{2}a\right) \quad \text{ou} \quad \cos \frac{1}{2}a > \sin 45^\circ.$$

On voit donc que, dans ce cas, le sinus est plus petit que le cosinus; d'ailleurs leurs expressions doivent être *positives*.

Ainsi, des quatre systèmes de résultats obtenus par la deuxième méthode, celui qui satisfait à la question est

$$\sin \frac{1}{2}a = \sqrt{\frac{1}{2} - \frac{1}{2}\sqrt{1 - \sin^2 a}},$$

$$\cos \frac{1}{2}a = \sqrt{\frac{1}{2} + \frac{1}{2}\sqrt{1 - \sin^2 a}}.$$

Ce système rentre dans celui du n° 25 lorsqu'on remplace $\sqrt{1 - \sin^2 a}$ par sa valeur $\cos a$; car on trouve

$$\sin \frac{1}{2}a = \sqrt{\frac{1}{2} - \frac{1}{2}\cos a} = \sqrt{\frac{1 - \cos a}{2}},$$

$$\cos \frac{1}{2}a = \sqrt{\frac{1}{2} + \frac{1}{2}\cos a} = \sqrt{\frac{1 + \cos a}{2}}.$$

C'est sous cette dernière forme que nous aurons souvent occasion de rappeler les valeurs de $\sin \frac{1}{2} a$ et $\cos \frac{1}{2} a$.

25. La Géométrie fournit une démonstration très-simple de
ces deux formules.

Soient

$$AB = a, \quad BP = \sin a, \quad OP = \cos a \, (\textit{fig. } 7).$$

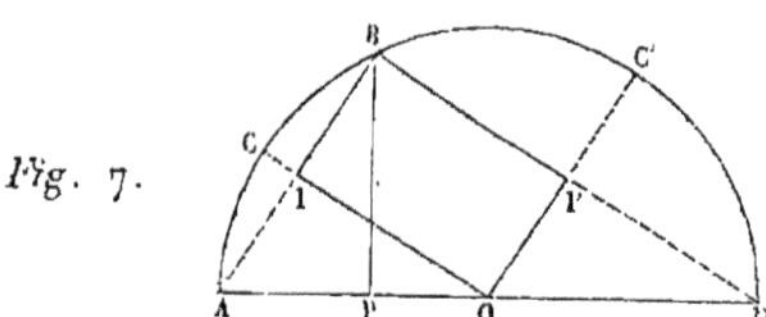

Fig. 7.

Divisons en deux parties égales les arcs AB et BD, aux points
C et C'; puis tirons les cordes AB, BD, et les rayons OC, OC'.
Il résulte évidemment de cette construction,

$$BI = \sin BC = \sin \tfrac{1}{2} a ,$$

$$BC' = \tfrac{1}{2} BC'D = \tfrac{1}{2}(180° - a) = 90° - \tfrac{1}{2} a ;$$

d'où

$$BI' = OI = \cos \tfrac{1}{2} a.$$

Cela posé, les triangles rectangles ABP, DBP, donnent

$$AB = 2 \sin \tfrac{1}{2} a = \sqrt{\overline{AP}^2 + \overline{BP}^2} = \sqrt{(1 - \cos a)^2 + \sin^2 a}.$$

$$BD = 2 \cos \tfrac{1}{2} a = \sqrt{\overline{PD}^2 + \overline{BP}^2} = \sqrt{(1 + \cos a)^2 + \sin^2 a}.$$

Effectuant les calculs et observant que $\sin^2 a + \cos^2 a = 1$, on a

$$2 \sin \frac{1}{2} a = \sqrt{2 - 2 \cos a},$$

$$2 \cos \frac{1}{2} a = \sqrt{2 + 2 \cos a};$$

d'où, divisant par 2,

$$\sin \frac{1}{2} a = \sqrt{\frac{1 - \cos a}{2}}, \quad \cos \frac{1}{2} a = \sqrt{\frac{1 + \cos a}{2}}.$$

26*. *Détermination du sinus du tiers d'un arc en fonction du sinus de cet arc.*

Dans la formule

$$\sin 3 a = 3 \sin a \cos^2 a - \sin^3 a,$$

trouvée n° 21, remplaçons $\cos a$ par $\sqrt{1 - \sin^2 a}$; il vient

$$\sin 3 a = 3 \sin a (1 - \sin^2 a) - \sin^3 a = 3 \sin a - 4 \sin^3 a,$$

ou ordonnant,

$$\sin^3 a - \frac{3}{4} \sin a + \frac{1}{4} \sin 3 a = 0,$$

ou bien enfin, substituant a et $\frac{1}{3} a$ au lieu de $3 a$ et de a,

$$\sin^3 \frac{1}{3} a - \frac{3}{4} \sin \frac{1}{3} a + \frac{1}{4} \sin a = 0,$$

équation du troisième degré qu'il faudrait traiter par les méthodes connues de la résolution numérique, après y avoir mis toutefois pour $\sin a$ une valeur numérique quelconque.

Mais, sans nous arrêter à cette résolution, qui n'offrirait aucun intérêt pour notre objet, nous allons faire voir que l'équation a ses *trois* racines réelles, c'est-à-dire que la question proposée est susceptible de *trois* solutions.

En effet, on a déjà vu (n° 24) qu'un arc étant donné par son sinus, on donne par là même tous les arcs compris dans les expressions $2k\pi + a$, $2k\pi + \pi - a$; donc en demandant le sinus du *tiers* de cet arc, on doit trouver simultanément les valeurs de

$$\sin \frac{2k\pi + a}{3} \quad \text{et} \quad \sin \frac{3k\pi + \pi - a}{3}.$$

Cela posé, le nombre entier k peut se présenter sous trois formes différentes, $3k'$, $3k' + 1$ et $3k' - 1$ (*).

Soit d'abord $k = 3k'$; on a pour les deux expressions,

$$\sin \frac{6k'\pi + a}{3} = \sin \left(2k'\pi + \frac{a}{3}\right) = + \sin \frac{a}{3},$$

$$\sin \frac{6k'\pi + \pi - a}{3} = \sin \left(2k'\pi + \frac{\pi}{3} - \frac{a}{3}\right) = + \sin \left(\frac{\pi}{3} - \frac{a}{3}\right).$$

Soit maintenant $k = 3k' + 1$; il en résulte

$$\sin \frac{6k'\pi + 2\pi + a}{3} = \sin \left(\frac{2}{3}\pi + \frac{a}{3}\right) = \sin \left(\pi - \frac{2}{3}\pi - \frac{a}{3}\right),$$

$$= + \sin \left(\frac{\pi}{3} - \frac{a}{3}\right),$$

valeur identique avec la précédente;

$$\sin \frac{6k'\pi + 3\pi - a}{3} = \sin \left(\pi - \frac{a}{3}\right) = + \sin \frac{a}{3},$$

valeur identique avec la première.

Soit enfin $k = 3k' - 1$; on obtient

$$\sin \frac{6k'\pi - 2\pi + a}{3} = - \sin \left(\frac{2\pi - a}{3}\right) = - \sin \left(\frac{\pi}{3} + \frac{a}{3}\right),$$

$$\sin \left(\frac{6k'\pi - \pi - a}{3}\right) = \sin \left(- \frac{\pi + a}{3}\right) = - \sin \left(\frac{\pi}{3} + \frac{a}{3}\right):$$

ces deux dernières valeurs sont identiques.

(*) On pourrait également supposer k négatif (n° 14) et égal à $-3k'$, $-3k' + 1$, $-3k' - 1$; mais les valeurs qu'on obtiendrait rentreraient dans celles qui correspondent aux trois premières hypothèses.

On voit donc que les valeurs du sinus du *tiers* d'un arc se réduisent à *trois* généralement différentes, savoir :

$$+ \sin \frac{a}{3}, \quad + \sin \left(\frac{\pi}{3} - \frac{a}{3} \right), \quad - \sin \left(\frac{\pi}{3} + \frac{a}{3} \right).$$

Je dis *généralement*, car si l'on avait, par exemple, $a = \frac{1}{2} \pi$, il en résulterait $\frac{\pi}{3} - \frac{a}{3} = \frac{1}{6} \pi$, et les deux premières valeurs seraient égales à $\sin \frac{1}{6} \pi$; la troisième deviendrait

$$- \sin \left(\frac{\pi}{3} + \frac{\pi}{6} \right) = - \sin \frac{1}{2} \pi = - 1.$$

Mais il n'en est pas moins vrai que l'équation ci-dessus a ses trois racines réelles.

On reconnaitrait, par une analyse absolument semblable, que si l'on demandait $\cos \frac{1}{3} a$ en fonction de $\sin a$, on obtiendrait *six* valeurs différentes :

$$+ \cos \frac{a}{3}, \quad - \cos \frac{a}{3}, \quad + \cos \left(\frac{\pi}{3} - \frac{a}{3} \right), \quad - \cos \left(\frac{\pi}{3} - \frac{a}{3} \right),$$

$$+ \cos \left(\frac{\pi}{3} + \frac{a}{3} \right) \quad \text{et} \quad - \cos \left(\frac{\pi}{3} - \frac{a}{3} \right).$$

Et en effet, il est aisé de prouver que l'équation d'où dépend la détermination de $\cos \frac{1}{3} a$ est du sixième degré.

Remplaçons, dans

$$\sin 3a = 3 \sin a \cos^2 a - \sin^3 a,$$

ou

$$\sin 3a = \sin a \left(3 \cos^2 a - \sin^2 a \right),$$

$\sin a$ par sa valeur $\sqrt{1 - \cos^2 a}$; il vient

$$\sin 3a = \sqrt{1 - \cos^2 a} \left(4 \cos^2 a - 1 \right),$$

ou, élevant au carré pour chasser le radical,

$$\sin^2 3\,a = (1 - \cos^2 a)\,(4\cos^2 a - 1)^2,$$

équation qui, développée et ordonnée, devient

$$16\cos^6 a - 24\cos^4 a + 9\cos^2 a - 1 + \sin^2 3\,a = 0.$$

Nous engageons les commençants, pour se familiariser avec ces sortes de discussions, à rechercher $\sin\frac{1}{3}a$ et $\cos\frac{1}{3}a$ en fonction de $\cos a$; ils reconnaîtront encore que le sinus doit avoir *six* valeurs, mais que le cosinus n'en a que *trois*.

27. *Détermination de la tangente de la somme ou de la différence de deux arcs*, en fonction des tangentes de ces arcs.

D'après la relation $\tan g\,a = \dfrac{\sin a}{\cos a}$, établie au n° **7**, on a

$$\tan g\,(a \pm b) = \frac{\sin\,(a \pm b)}{\cos\,(a \pm b)},$$

ou, remplaçant $\sin\,(a \pm b)$, $\cos\,(a \pm b)$, par leurs valeurs (n° 19),

$$\tan g\,(a \pm b) = \frac{\sin a\,\cos b \pm \sin b\,\cos a}{\cos a\,\cos b \mp \sin a\,\sin b}.$$

Afin de n'avoir dans le second membre que des tangentes, divisons haut et bas par $\cos a\,\cos b$; il vient

$$\tan g\,(a \pm b) = \frac{\dfrac{\sin a}{\cos a} \pm \dfrac{\sin b}{\cos b}}{1 \mp \dfrac{\sin a}{\cos a} \cdot \dfrac{\sin b}{\cos b}};$$

et comme on a

$$\frac{\sin a}{\cos a} = \tang a, \qquad \frac{\sin b}{\cos b} = \tang b,$$

on obtient enfin

$$\tang (a \pm b) = \frac{\tang a \pm \tang b}{1 \mp \tang a \, \tang b}.$$

28. Soit fait $b = a$ dans l'expression

$$\tang (a + b) = \frac{\tang a + \tang b}{1 - \tang a \, \tang b} ;$$

on obtient

$$\tang 2 a = \frac{2 \tang a}{1 - \tang^2 a} :$$

cette nouvelle formule donne la valeur de la tangente du *double* d'un arc en fonction de la tangente de cet arc.

29*. Si l'on y remplace $2 a$ par a et a par $\frac{1}{2} a$, il vient

$$\tang a = \frac{2 \tang \frac{1}{2} a}{1 - \tang^2 \frac{1}{2} a},$$

d'où

$$\tang^2 \frac{1}{2} a + \frac{2}{\tang a} \tang \frac{1}{2} a - 1 = 0,$$

équation du second degré qui, étant résolue, donne

$$\tang \frac{1}{2} a = - \frac{1}{\tang a} \pm \frac{1}{\tang a} \sqrt{1 + \tang^2 a}.$$

Ainsi l'on obtient deux valeurs pour la tangente de la *moitié* d'un arc, exprimée en fonction de la tangente de cet arc.

En effet, lorsqu'un arc est donné par sa tangente, on donne par là même tous les arcs compris dans l'expression $k\pi + a$, k étant un nombre entier quelconque ; puisque l'on a (tableau n° 14)

$$\tang [2k\pi + a] \quad \text{et} \quad \tang [(2k + 1) \pi + a] = \tang a.$$

Ainsi le calcul ci-dessus doit donner les valeurs de

$$\tang \frac{k\pi + a}{2}.$$

Soit $k = 2k'$; on a

$$\tang \frac{2k'\pi + a}{2} = \tang \left(k'\pi + \frac{a}{2} \right) = \tang \frac{a}{2}.$$

Soit ensuite $k = 2k' + 1$; on trouve

$$\tang \frac{(2k' + 1) \pi + a}{2} = \tang \left(\frac{\pi}{2} + \frac{a}{2} \right) = - \cot \frac{a}{2}.$$

On voit donc que les valeurs de la tangente de la moitié d'un arc sont au nombre de *deux*, savoir :

$$\tang \frac{a}{2} \quad \text{et} \quad - \cot \frac{a}{2}.$$

Ce résultat s'accorde d'ailleurs avec la nature de l'équation ci-dessus, dont le dernier terme est égal à $- 1$.

En effet, la relation

$$\cot a = \frac{1}{\tang a} \quad \text{ou} \quad \cot a \, \tang a = 1$$

du n° 7, donne

$$\cot \tfrac{1}{2} a \, \tang \tfrac{1}{2} a = 1, \quad \text{ou} \quad - \cot \tfrac{1}{2} a \, \tang \tfrac{1}{2} a = - 1.$$

Quant à la valeur qu'il convient de prendre lorsqu'on suppose $a < 90$ degrés (ce qui a lieu le plus communé-ment), comme dans ce cas $\tang \tfrac{1}{2} a$ doit être *positif*, et que $\tang a$ est aussi positif, il est clair que la réponse à la question est

$$\tang \frac{1}{2} a = - \frac{1}{\tang a} + \frac{1}{\tang a} \sqrt{1 + \tang^2 a} \, ;$$

et, dans cette même circonstance, on a

$$\cot \frac{1}{2} a = \frac{1}{\tang a} + \frac{1}{\tang a} \sqrt{1 + \tang^2 a}.$$

30*. On parvient à d'autres expressions de $\tang \frac{1}{2} a$, d'après les formules

$$\sin \frac{1}{2} a = \sqrt{\frac{1 - \cos a}{2}}, \quad \cos \frac{1}{2} a = \sqrt{\frac{1 - \cos a}{2}} \qquad (\text{n}^\circ\ \mathbf{23}).$$

En les divisant l'une par l'autre, on trouve

1°. $$\tang \frac{1}{2} a = \sqrt{\frac{1 - \cos a}{1 + \cos a}}.$$

Dans cette première expression, multiplions, sous le radical, haut et bas, par $+ \cos a$, puis par $1 - \cos a$; il vient

2°. $$\tang \frac{1}{2} a = \sqrt{\frac{1 - \cos^2 a}{(1 + \cos a)^2}} = \frac{\sin a}{1 + \cos a},$$

3°. $$\tang \frac{1}{2} a = \sqrt{\frac{(1 - \cos a)^2}{1 - \cos^2 a}} = \frac{1 - \cos a}{\sin a}.$$

Ces diverses expressions sont souvent employées dans les applications trigonométriques.

Les élèves feront bien de s'exercer à la recherche des tangentes du *triple*, du *tiers*, etc., d'un arc, ainsi qu'à la discussion des formules qui y sont relatives. C'est un moyen de se rendre familières les valeurs corrélatives des lignes trigonométriques. Ils peuvent également rechercher les cotangentes, sécantes, cosécantes, de la somme ou de la différence de deux arcs, du *double*, du *triple*, etc., et de la *moitié*, du *tiers*, etc., d'un arc.

31. Les formules (A) et (B) du n° 18 donnent encore lieu à des résultats fort utiles dans les applications trigonométriques :

$$\sin(a + b) = \sin a \cos b + \sin b \cos a;$$
$$\sin(a - b) = \sin a \cos b - \sin b \cos a.$$

Ces formules, combinées successivement par addition et par soustraction, donnent

$$\sin(a + b) + \sin(a - b) = 2\sin a \cos b,$$
$$\sin(a + b) - \sin(a - b) = 2\sin b \cos a;$$

et si, pour deux arcs quelconques p, q (p étant $> q$), on pose

$$a + b = p$$
$$a - b = q,$$

il vient

$$\text{par addition,} \quad a = \frac{1}{2}(p + q),$$
$$\text{par soustraction,} \quad b = \frac{1}{2}(p - q);$$

d'où, substituant ces valeurs de a et de b dans les résultats précédents,

$$(\text{C}) \quad \begin{cases} \sin p + \sin q = 2\sin\frac{1}{2}(p + q)\cos\frac{1}{2}(p - q), \\ \sin p - \sin q = 2\sin\frac{1}{2}(p - q)\cos\frac{1}{2}(p + q). \end{cases}$$

Une combinaison analogue des formules (B),

$$\cos(a + b) = \cos a \cos b - \sin a \sin b,$$
$$\cos(a - b) = \cos a \cos b + \sin a \sin b,$$

conduit aux deux nouvelles formules

$$(D) \begin{cases} \cos q + \cos p = 2 \cos \frac{1}{2}(p+q) \cos \frac{1}{2}(p-q), \\ \cos q - \cos p = 2 \sin \frac{1}{2}(p+q) \sin \frac{1}{2}(p-q). \end{cases}$$

32. Les formules (C) et (D) servent principalement à rendre calculables par logarithmes certaines expressions trigonométriques.

Soit, par exemple, à évaluer numériquement l'expression

$$x = \sin 30° + \sin 16°;$$

il vient, par la supposition de $p = 30°$, $q = 16°$, dans la première des formules (C),

$$\sin 30° + \sin 16° = 2 \sin \frac{1}{2}(30° + 16°) \cos \frac{1}{2}(30° - 16°),$$

ou bien

$$x = 2 \sin 23° \cos 7° :$$

d'où

$$\log x = \log 2 + \log \sin 23° + \log \cos 7°.$$

On trouverait de même pour $x = \sin 30° - \sin 16°$,

$$\log x = \log 2 + \log \sin 7° + \log \cos 23°.$$

Soit encore à calculer

$$x = \cos 47° - \cos 83°;$$

on a, en posant $p = 83°$, $q = 47°$, dans la seconde des deux formules (D),

$$\cos 47° - \cos 83° = 2 \sin \frac{1}{2}(83° + 47°) \sin \frac{1}{2}(83° - 47°),$$

ou bien

$$x = 2 \sin 65° \sin 18° :$$

d'où

$$\log x = \log 2 + \log \sin 65° + \log \sin 18°.$$

4 .

33. Maintenant, si l'on divise l'une par l'autre les deux formules (C), il vient

$$\frac{\sin p + \sin q}{\sin p - \sin q} = \frac{\sin\frac{1}{2}(p+q)\cdot\cos\frac{1}{2}(p-q)}{\cos\frac{1}{2}(p+q)\cdot\sin\frac{1}{2}(p-q)},$$

ou, à cause de $\dfrac{\sin a}{\cos a} = \tang a$, $\dfrac{\cos b}{\sin b} = \cot b = \dfrac{1}{\tang b}$,

$$(\text{E}) \qquad \frac{\sin p + \sin q}{\sin p - \sin q} = \frac{\tang\frac{1}{2}(p+q)}{\tang\frac{1}{2}(p-q)};$$

ce qui nous apprend que *la somme des sinus de deux arcs est à la différence de ces mêmes sinus, comme la tangente de la demi-somme des arcs est à la tangente de leur demi-différence.*

En opérant de la même manière sur les deux formules (D), on obtient

$$(\text{F}) \qquad \frac{\cos q + \cos p}{\cos q - \cos p} = \frac{\cot\frac{1}{2}(p+q)}{\tang\frac{1}{2}(p-q)}.$$

34. La formule (E), dont nous ferons usage dans la résolution des triangles, se démontre très simplement par la Géométrie.

Soit décrite une circonférence de cercle avec un rayon OA (*fig.* 8) que nous prendrons pour unité. Tirons le diamètre AA',

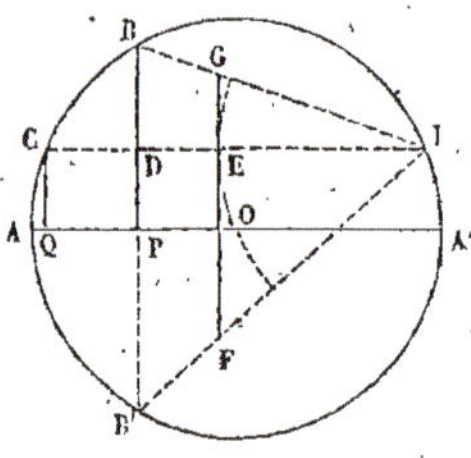

Fig. 8.

et prenons, à partir du point A, AB $= p$, AC $= q$; puis abaissons BP, CQ, perpendiculaires sur AA', en prolongeant BP jusqu'à sa rencontre en B' avec la circonférence; menons d'ailleurs CI parallèle à AA'.

Il résulte évidemment de cette première construction

$$CQ = \sin AC = \sin q, \quad BP = B'P = \sin p,$$
$$DB' = \sin p + \sin q, \quad BD = \sin p - \sin q.$$

Joignons maintenant le point I aux points B et B'; du même point I comme centre, et avec le rayon du cercle, décrivons un arc qui coupe CI en E, et élevons à CI la perpendiculaire GEF.

Comme on a

$$AB = AB' = p, \quad AC = q,$$

il en résulte

$$CAB' = p + q, \quad CB = p - q,$$

puis

$$EF = \tang EIF = \tang\frac{1}{2}(p + q), \quad EG = \tang\frac{1}{2}(p - q).$$

Or, en vertu d'un théorème connu de Géométrie, les trois lignes BI, B'I, CI, coupent les deux parallèles GF, BB', en parties proportionnelles. On a donc

$$\frac{DB'}{DB} = \frac{EF}{EG},$$

ou bien, remplaçant ces lignes par leurs valeurs,

$$\frac{\sin p + \sin q}{\sin p - \sin q} = \frac{\tang\frac{1}{2}(p + q)}{\tang\frac{1}{2}(p - q)}.$$

C. Q. F. D.

35. Nous croyons devoir réunir en un tableau les différentes formules obtenues dans les numéros précédents, en y joignant les relations qui existent entre les lignes trigonométriques d'un même arc. Les jeunes gens pourront alors le consulter au besoin.

TABLEAU

Des formules principales de la Trigonométrie,

Avec l'indication des numéros d'où on les a tirées.

(7)
$$\sin^2 a + \cos^2 a = 1, \qquad \operatorname{tang} a = \frac{\sin a}{\cos a},$$
$$\sec a = \frac{1}{\cos a}, \qquad \sec^2 a = 1 + \operatorname{tang}^2 a,$$
$$\cot a = \frac{\cos a}{\sin a}, \qquad \cot a = \frac{1}{\operatorname{tang} a},$$
$$\operatorname{coséc} a = \frac{1}{\sin a}, \qquad \operatorname{coséc}^2 a = 1 + \cot^2 a.$$

$(18, 19)$
$$\sin(a \pm b) = \sin a \cos b \pm \sin b \cos a,$$
$$\cos(a \pm b) = \cos a \cos b \mp \sin a \sin b.$$

(21)
$$\sin 2a = 2 \sin a \cos a,$$
$$\cos 2a = \cos^2 a - \sin^2 a,$$
$$\sin 3a = 3 \sin a \cos^2 a - \sin^3 a,$$
$$\cos 3a = \cos^3 a - 3 \cos a \sin^2 a.$$

$(23, 24)$
$$\sin \tfrac{1}{2} a = \pm \sqrt{\frac{1 - \cos a}{2}},$$
$$\cos \tfrac{1}{2} a = \pm \sqrt{\frac{1 + \cos a}{2}},$$
$$\sin \tfrac{1}{2} a = \pm \sqrt{\tfrac{1}{2} \pm \tfrac{1}{2} \sqrt{1 - \sin^2 a}},$$
$$\cos \tfrac{1}{2} a = \pm \sqrt{\tfrac{1}{2} \mp \tfrac{1}{2} \sqrt{1 - \sin^2 a}}.$$

(26)
$$\sin^3 \tfrac{1}{3} a - \frac{3}{4} \sin \tfrac{1}{3} a + \frac{1}{4} \sin a = 0.$$

$(27, 28)$
$$\operatorname{tang}(a \pm b) = \frac{\operatorname{tang} a \pm \operatorname{tang} b}{1 \mp \operatorname{tang} a \operatorname{tang} b},$$
$$\operatorname{tang} 2a = \frac{2 \operatorname{tang} a}{1 - \operatorname{tang}^2 a}.$$

$$(30) \quad \begin{cases} \tang \dfrac{1}{2} a = \dfrac{-1 \pm \sqrt{1 + \tang^2 a}}{\tang a} = \sqrt{\dfrac{1 - \cos a}{1 + \cos a}} \\[2mm] = \dfrac{\sin a}{1 + \cos a} = \dfrac{1 - \cos a}{\sin a}. \end{cases}$$

$$(31) \quad \begin{cases} \sin p + \sin q = 2 \sin \dfrac{1}{2}(p + q) \cos \dfrac{1}{2}(p - q), \\[2mm] \sin p - \sin q = 2 \sin \dfrac{1}{2}(p - q) \cos \dfrac{1}{2}(p + q), \\[2mm] \cos q + \cos p = 2 \cos \dfrac{1}{2}(p + q) \cos \dfrac{1}{2}(p - q), \\[2mm] \cos q - \cos p = 2 \sin \dfrac{1}{2}(p + q) \sin \dfrac{1}{2}(p - q), \end{cases}$$

$$(32) \quad \begin{cases} \dfrac{\sin p + \sin q}{\sin p - \sin q} = \dfrac{\tang \frac{1}{2}(p + q)}{\tang \frac{1}{2}(p - q)}, \\[2mm] \dfrac{\cos q + \cos p}{\cos q - \cos p} = \dfrac{\cot \frac{1}{2}(p + q)}{\tang \frac{1}{2}(p - q)}. \end{cases}$$

Valeurs des sinus et cosinus des arcs $\dfrac{\pi}{3}, \dfrac{\pi}{6}, \ldots, \dfrac{\pi}{5}, \dfrac{\pi}{10}, \ldots$ *Inscription du décagone régulier et du polygone régulier de quinze côtés.*

36*. On sait que le côté de l'hexagone régulier inscrit dans un cercle est égal au rayon de ce cercle, et est, par conséquent, représenté par 1, si l'on prend ce rayon pour unité. D'un autre côté, on a vu que le sinus d'un arc est la moitié de la corde qui sous-tend un arc double. Donc, puisque le côté de l'hexagone sous-tend un arc de $\dfrac{2\pi}{6}$ ou $\dfrac{\pi}{3}$, on aura

$$\sin \frac{\pi}{6} = \frac{1}{2},$$

et, par suite,

$$\cos \frac{\pi}{6} = \sqrt{1 - \frac{1}{4}} = \frac{1}{2}\sqrt{3};$$

on en déduit, en remarquant que les arcs $\frac{\pi}{3}$ et $\frac{\pi}{6}$ sont complémentaires,

$$\sin\frac{\pi}{3} = \cos\frac{\pi}{6} = \frac{1}{2}\sqrt{3},$$

$$\cos\frac{\pi}{3} = \sin\frac{\pi}{6} = \frac{1}{2}.$$

On obtiendrait ensuite les lignes trigonométriques des arcs

$$\frac{\pi}{12}, \quad \frac{\pi}{24}, \quad \frac{\pi}{48},$$

par l'application continuelle des formules

$$\sin 2a = 2\sin a \cos a, \quad \cos 2a = \cos^2 a - \sin^2 a.$$

37*. Pour obtenir le sinus et le cosinus des arcs $\frac{\pi}{5}$, $\frac{\pi}{10}$, etc., il faut savoir inscrire le polygone régulier de dix côtés. Nous rappellerons à cet effet le théorème suivant, que l'on trouve démontré dans toutes les *Géométries :*

Le côté du décagone régulier inscrit dans un cercle est égal au plus grand segment du rayon, partagé en moyenne et extrême raison.

Soient alors 1 le rayon, x le plus grand segment en question. D'après la définition de ce segment on doit avoir

$$\frac{x}{1} = \frac{1-x}{x},$$

ou

$$x^2 + x + 1 = 0;$$

d'où l'on tire, en se bornant à la racine positive,

$$x = \frac{\sqrt{5} - 1}{2} :$$

tel sera le côté du décagone régulier, ou la corde de $\frac{2\pi}{10}$;

sa moitié sera le sinus de $\dfrac{\pi}{10}$. On aura donc

$$\sin \frac{\pi}{10} = \frac{\sqrt{5} - 1}{4},$$

et, par suite,

$$\cos \frac{\pi}{10} = \frac{\sqrt{10 + 2\sqrt{5}}}{4}.$$

On aura ensuite

$$\sin \frac{\pi}{5} = 2 \sin \frac{\pi}{10} \cos \frac{\pi}{10} = \frac{\sqrt{10 - 2\sqrt{5}}}{4},$$

$$\cos \frac{\pi}{5} = \cos^2 \frac{\pi}{10} - \sin^2 \frac{\pi}{10} = \frac{1 + \sqrt{5}}{4}.$$

On obtiendrait sans peine le sinus et le cosinus des arcs $\dfrac{\pi}{20}, \dfrac{\pi}{40}$, etc.

38*. On inscrit facilement le polygone de quinze côtés, en remarquant que la quinzième partie de la circonférence est la différence entre la sixième partie et la dixième partie de cette ligne. On aura donc

$$\sin \frac{\pi}{15} = \sin \left(\frac{\pi}{6} - \frac{\pi}{10} \right),$$

$$\cos \frac{\pi}{15} = \cos \left(\frac{\pi}{6} - \frac{\pi}{10} \right).$$

Il est donc facile de trouver $\sin \dfrac{\pi}{15}$ et $\cos \dfrac{\pi}{15}$ et, par suite, le sinus et le cosinus des arcs $\dfrac{\pi}{30}, \dfrac{\pi}{60}$, etc. Nous laissons aux élèves le soin de faire ce calcul.

CONSTRUCTION DES TABLES TRIGONOMÉTRIQUES.

39. Nous pouvons maintenant faire connaître les moyens qui ont été employés pour dresser des Tables trigonométriques.

On appelle ainsi des Tables renfermant, d'une part tous les arcs depuis o jusqu'à 90 degrés, et de l'autre les valeurs des sinus, cosinus, tangentes, etc., correspondant à ces arcs. Il suffit d'ailleurs qu'elles ne comprennent que les lignes trigonométriques des arcs moindres que 90 degrés, puisque, d'après le tableau n° 14, celles des arcs plus grands sont *numériquement* les mêmes que les lignes trigonométriques des arcs plus petits.

Nous adopterons, dans tout ce qui va suivre, la division sexagésimale, c'est-à-dire que nous supposerons le *quart* de circonférence ou le *quadrans*, divisé en 90 parties égales, appelées *degrés* (90°); chaque degré divisé en 60 minutes (60'), chaque minute divisée en 60 secondes (60''). Enfin nous admettrons qu'on ne veuille former que des Tables dans lesquelles les arcs croissent de *dix secondes en dix secondes*.

Cela posé, d'après les formules précédemment établies, il est clair qu'il suffit de calculer la valeur de sin 10''. En effet, la formule $\cos a = \sqrt{1 - \sin^2 a}$ donne d'abord la valeur correspondante de cos 10''.

Connaissant les valeurs de sin 10'' et cos 10'', on obtiendra celles des sinus et cosinus de 20'', 30'', 40'', etc., en faisant successivement dans les formules

$$\sin 2a = 2\sin a \cos a, \quad \cos 2a = \cos^2 a - \sin^2 a,$$
$$\sin (a + b) = \sin a \cos b + \sin b \cos a,$$
$$\cos (a + b) = \cos a \cos b - \sin a \sin b,$$

$a = 10''$, puis $b = 10''$, 20'', 30'', 40'', etc.; et ainsi de suite, jusqu'à 90 degrés.

Quant aux autres lignes trigonométriques, on déduira facilement leurs valeurs des formules

$$\tang a = \frac{\sin a}{\cos a}, \qquad \cot a = \frac{1}{\tang a},$$

$$\séc a = \frac{1}{\cos a}, \qquad \coséc a = \frac{1}{\sin a}.$$

On peut toutefois calculer d'une manière plus simple les sinus et cosinus, à l'aide des formules suivantes (n° 31) :

$$\sin (a + b) + \sin (a - b) = 2 \sin a \cos b,$$
$$\cos (a + b) + \cos (a - b) = 2 \cos a \cos b.$$

Ces formules peuvent être mises sous la forme

$$\sin (a + b) = \sin a \times 2 \cos b + \sin (a - b) \times - 1,$$
$$\cos (a + b) = \cos a \times 2 \cos b + \cos (a - b) \times - 1;$$

et si l'on y fait $a = mb$, elles deviennent

$$\sin (m + 1) b = \sin m b \times 2 \cos b + \sin (m - 1) b \times - 1,$$
$$\cos (m + 1) b = \cos m b \times 2 \cos b + \cos (m - 1) b \times - 1 :$$

ce qui démontre que *pour avoir le sinus d'un multiple quelconque* (m + 1) b, *de l'arc* b, *il faut multiplier les sinus des multiples immédiatement inférieurs,* mb *et* (m — 1) b, *respectivement par les quantités constantes* 2 cos b *et* — 1, *puis ajouter ces résultats avec leurs signes.* Même loi de formation pour le cosinus.

D'après cela, soit fait $b = 10''$ dans les formules ; puis successivement $m = 1, 2, 3$, etc. ; il en résulte

$$\sin 20'' = \sin 10'' \times 2 \cos 10'' + 0 = 2 \sin 10'' \cos 10'',$$
$$\cos 20'' = \cos 10'' \times 2 \cos 10'' + 1 \times - 1 = 2 \cos^2 10'' - 1,$$
$$\sin 30'' = \sin 20'' \times 2 \cos 10'' + \sin 10'' \times - 1,$$
$$\cos 30'' = \cos 20'' \times 2 \cos 10'' + \cos 10'' \times - 1,$$
$$\sin 40'' = \sin 30'' \times 2 \cos 10'' + \sin 20'' \times - 1,$$
$$\cos 40'' = \cos 30'' \times 2 \cos 10'' + \cos 20'' \times - 1,$$

$$\cdots\cdots\cdots\cdots\cdots\cdots\cdots\cdots\cdots\cdots\cdots\cdots$$

et ainsi de suite.

N. B. — Ceux qui ont déjà quelques notions des séries récurrentes reconnaîtront sans peine que la série des sinus forme une suite récurrente du deuxième ordre, dont l'*échelle de relation* se compose des deux quantités $2\cos 10''$ et -1; il en est de même de la série des cosinus.

Ainsi toute la difficulté consiste à déterminer, avec le plus grand degré d'approximation possible, le sinus du plus petit arc de la Table, ou $\sin 10''$.

40. Nous commencerons par démontrer qu'*un arc quelconque est toujours plus grand que son sinus, mais moindre que sa tangente.*

Soient, en effet, un arc quelconque AB (*fig.* 9); puis

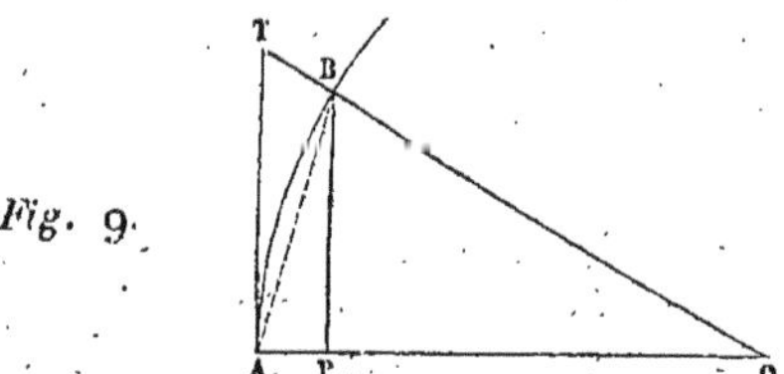

Fig. 9.

BP, BA et AT, le sinus, la corde et la tangente de cet arc.

On a d'abord arc $AB >$ corde AB; mais corde $AB > BP$; donc, à plus forte raison, arc $AB > BP$.

En second lieu, le secteur circulaire a pour mesure arc $AB \times \frac{1}{2} OA$, et le triangle OAT est égal à $AT \times \frac{1}{2} OA$. Or le secteur est évidemment plus petit que le triangle; on a donc

$$\text{arc } AB \times \frac{1}{2} OA < AT \times \frac{1}{2} OA,$$

d'où

$$\text{arc } AB < AT.$$

On voit en outre, d'après la figure, que plus l'arc diminue, plus la tangente et le sinus se rapprochent l'un de l'autre, et par conséquent de l'arc qui est compris entre les deux. Cela résulte d'ailleurs de la formule

$$\operatorname{tang} a = \frac{\sin a}{\cos a},$$

qui donne

$$\frac{\operatorname{tang} a}{\sin a} = \frac{1}{\cos a};$$

car, à mesure que l'arc diminue, le cosinus augmente et se rapproche de plus en plus de l'unité. Donc aussi le rapport $\frac{1}{\cos a}$ approche de plus en plus de devenir égal à 1; et, quand l'arc est très petit, $\frac{1}{\cos a}$ ou $\frac{\operatorname{tang} a}{\sin a}$ diffère très-peu de l'unité.

Soit, par exemple, l'arc qui a pour cosinus $0,99$; il vient

$$\frac{\operatorname{tang} a}{\sin a} = \frac{1}{0,99} = \frac{100}{99} = 1 + \frac{1}{99}.$$

Soit encore $\cos a = 0,99999$; on trouve

$$\frac{\operatorname{tang} a}{\sin a} = 1 + \frac{1}{99999}.$$

Le rapport $\frac{\operatorname{tang} a}{\sin a}$ diffère donc d'autant moins de l'unité, que l'arc est plus petit; et il peut en différer d'aussi peu que l'on veut. Il en est de même des rapports $\frac{\operatorname{tang} a}{a}$ et $\frac{\sin a}{a}$, puisque l'arc est toujours compris entre sa tangente et son sinus.

Ainsi nous pouvons établir, comme une vérité mathématique, que *les rapports* de la tangente au sinus, de la tangente à l'arc, et de l'arc au sinus, *sont trois quantités qui tendent sans cesse vers l'unité à mesure que l'arc diminue;* et lorsque l'arc est moindre qu'aucune grandeur donnée, *ces rapports diffèrent eux-mêmes de l'unité d'une quantité moindre que toute grandeur donnée.*

En d'autres termes, ces *trois rapports ont pour* LIMITE *commune* L'UNITÉ.

41. Puisqu'un arc étant très-petit, le rapport $\dfrac{a}{\sin a}$ diffère très-peu de l'unité, il s'ensuit que l'arc et le sinus sont aussi très-peu différents l'un de l'autre. On peut d'ailleurs, dans tous les cas, déterminer au-dessous de quelle quantité se trouve *l'erreur commise* lorsqu'on prend l'arc pour le sinus, ou réciproquement.

A cet effet, observons que la relation

$$\tan \tfrac{1}{2}a > \tfrac{1}{2}a,$$

revient à

$$\sin \tfrac{1}{2}a > \tfrac{1}{2}a \cos \tfrac{1}{2}a;$$

d'où, en multipliant les deux membres de cette inégalité par $2\cos\tfrac{1}{2}a$, et observant que l'on a

$$2\sin\tfrac{1}{2}a \cos\tfrac{1}{2}a = \sin a,$$

$$\sin a > a \cos^2 \tfrac{1}{2}a,$$

ou bien

$$\sin a > a - a \sin^2 \tfrac{1}{2}a,$$

et, à fortiori, d'après la relation $\frac{1}{2}a > \sin\frac{1}{2}a$,

$$\sin a > a - a\cdot\frac{a^2}{4} > a - \frac{a^3}{4}.$$

D'où l'on déduit enfin

$$a - \sin a < \frac{1}{4}a^3;$$

ce qui démontre que la *différence entre un petit arc et son sinus est moindre que le quart du cube de l'arc.*

Soit $a = 0,01$ (la longueur de l'arc étant évaluée au moyen du rayon); il en résulte

$$a - \sin a < 0,00000025.$$

Soit encore $a = 0,001$; il en résulte

$$a - \sin a < 0,00000000025.$$

42. Cela posé, on a vu en Géométrie que, le rayon étant pris pour unité, la demi-circonférence a pour valeur

$$\pi = 3,1415926\ldots$$

Mais la demi-circonférence comprend $180°$ ou $10800'$, ou $648000''$. Par conséquent,

$$10'' = \frac{3,14159\ldots}{64800} = 0,00004\ldots$$

Comme cette dernière expression est au-dessous de $0,00005$, il s'ensuit que $(10'')^3$ est moindre que $(0,0005)^3$ ou $0,000000000000125$; et, par conséquent,

$$10'' - \sin 10'' < 0,00000000000004.$$

D'où l'on voit que l'expression de l'arc de $10''$ représente celle de $\sin 10''$, à une fraction près moindre que l'unité de l'ordre du treizième chiffre décimal; ainsi l'on a, avec exactitude,

$$\sin 10'' = 0,00004848\,1368,$$

jusqu'au douzième chiffre décimal inclusivement.

Cette approximation est plus que suffisante pour le sinus de 10″ lui-même, mais elle est nécessaire pour la détermination des autres sinus qui, comme on l'a vu, dépendent de celui-là, ainsi que du cosinus de 10″; car les erreurs, se multipliant sans cesse, finissent par refluer sur le 10e, 9e, 8e, etc., chiffre décimal.

Notre intention était de ne donner ici qu'une idée de la manière dont les Tables trigonométriques ont pu être construites. Mais il existe des méthodes beaucoup plus expéditives, fondées sur les séries qui donnent le développement du sinus et du cosinus d'un arc en fonction de cet arc. (Voyez *Algèbre*, 10e édition, chap. X, n° 424.) On trouve même à la fin de ce chapitre une méthode pour calculer le rapport de la circonférence au diamètre, rapport qui a servi de base aux calculs précédents.)

43. *Première remarque* sur la composition des *Tables trigonométriques*, et sur la manière d'en faire usage.

Comme, dans toutes les applications de la Trigonométrie, les calculs se font par logarithmes, on a placé dans les Tables les logarithmes des sinus, cosinus, tangentes, etc., au lieu de ces lignes elles-mêmes.

Mais comme le sinus et le cosinus sont des fractions proprement dites et dont les logarithmes seraient par conséquent négatifs, on a jugé convenable d'augmenter tous les logarithmes de la Table de dix unités, et l'on évite par là des soustractions de nombres qui ont plusieurs chiffres décimaux. Pour corriger l'erreur qui résulte de cette augmentation, il suffit de retrancher ou d'ajouter à la fin du calcul autant de fois 10 qu'on a pris de logarithmes avec le signe $+$ ou avec le signe $-$, absolument comme lorsqu'on fait des calculs par complément.

On remarquera toutefois que cette dizaine n'a pas été ajoutée aux log tang des arcs plus grands que 45 degrés, ni aux log cot des arcs moindres que 45 degrés.

44. *Seconde remarque.* — Les Tables sexagésimales de Callet, que nous supposons entre les mains des élèves, ne renferment en apparence que les sinus, tangentes et cosinus des arcs compris depuis 10 secondes jusqu'à 45 degrés ; mais elles n'en donnent pas moins les sinus, tangentes et cosinus des arcs plus grands, aussi bien que les trois autres lignes trigonométriques.

En effet, pour le sinus et le cosinus, on observe que le sinus d'un arc plus grand que 45 degrés est égal au cosinus du complément, qui est alors plus petit que 45 degrés, et réciproquement.

C'est ainsi que

$$\sin 69^\circ 47' = \cos 20^\circ 13',$$
$$\cos 78^\circ 25' = \sin 11^\circ 35'.$$

Les logarithmes de ces lignes sont donc compris dans les Tables.

Mais les Tables sont disposées de telle sorte, qu'on n'a pas à calculer ce complément. Les colonnes intitulées sinus, cosinus, etc., par en haut sont marquées cosinus, sinus par en bas ; de sorte qu'en consultant les degrés et les titres qui sont au bas des pages ainsi que les colonnes ascendantes placées à droite pour les minutes et les secondes, on aura les logarithmes des lignes trigonométriques depuis 45 jusqu'à 90 degrés.

Au moyen de ces explications, on est en état de résoudre ces deux questions qui constituent l'usage des Tables centésimales : 1º *Un arc étant donné en degrés, minutes et dixièmes de seconde, trouver le logarithme d'une quelconque de ses lignes trigonométriques ; 2° réciproquement, étant donné le logarithme d'une ligne trigonométrique, trouver l'arc correspondant en degrés, minutes et dixièmes de seconde.*

Quand on veut obtenir un plus grand degré d'approximation pour l'arc cherché, il faut avoir recours à de nouvelles opérations dont les détails ne sauraient trouver place ici, mais sont exposés par les auteurs de Tables trigonométriques en tête de leurs ouvrages.

CHAPITRE II.

TRIGONOMÉTRIE RECTILIGNE.

RÉSOLUTION DES TRIANGLES. — APPLICATIONS DES TABLES TRIGONOMÉTRIQUES.

45. On a vu, en Géométrie, que des *six* quantités qui composent un triangle, savoir : les trois angles et les trois côtés, *trois* quelconques étant données (pourvu que parmi ces trois données il y ait au moins un côté), on peut toujours obtenir *graphiquement* les *trois* autres. Actuellement, nous nous proposons de traiter la même question par le calcul, en commençant par les triangles rectangles.

Des triangles rectangles.

La résolution de ces triangles repose sur quelques principes que nous allons d'abord démontrer.

46. PREMIER ET DEUXIÈME PRINCIPE. — Dans tout triangle rectangle, 1° *un des côtés de l'angle droit est égal à l'hypoténuse multipliée par le sinus de l'angle opposé;* 2° *un des côtés de l'angle droit est égal à l'hypoténuse multipliée par le cosinus de l'angle adjacent à ce côté.*

En effet, soit un triangle BAC (*fig.* 10) rectangle en

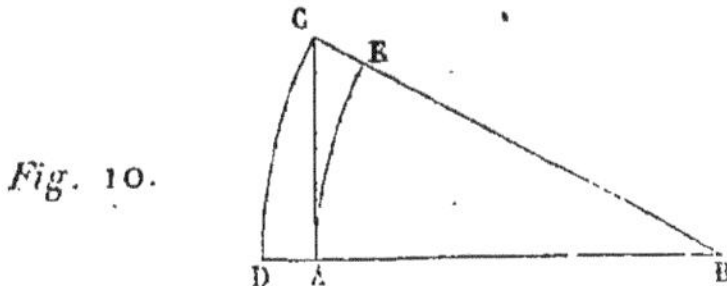

Fig. 10.

A (suivant les notations généralement adoptées, nous

5.

appellerons A, B, C les trois angles, et a, b, c les côtés respectivement opposés à ces angles; A sera l'angle droit et a l'hypoténuse.)

Du point B comme centre, et du rayon BC, décrivons l'arc de cercle CD. On a par définition

$$\sin B = \frac{CA}{CB} = \frac{b}{a},$$

$$\cos B = \frac{BA}{CB} = \frac{c}{a},$$

d'où l'on tire évidemment

$$(1) \qquad b = a \sin B,$$
$$(2) \qquad c = a \cos B,$$

C. Q. F. D.

47. TROISIÈME ET QUATRIÈME PRINCIPE. — Dans tout triangle rectangle, *chaque côté de l'angle droit est égal à l'autre côté de l'angle droit multiplié par la tangente de l'angle opposé ou par la cotangente de l'angle adjacent.*

En effet, du point B comme centre, et avec le rayon BA, décrivons l'arc de cercle BE. On a par définition

$$\operatorname{tang} B = \frac{CA}{BA} = \frac{b}{c},$$

d'où

$$(3) \qquad b = c \operatorname{tang} B.$$

Mais on a

$$\operatorname{tang} B = \cot C ;$$

donc

$$(4) \qquad b = c \cot C.$$

C. Q. F. D.

48. Ces principes suffisent pour la résolution de tous les cas relatifs aux triangles rectangles.

Premier cas. — On donne l'hypoténuse a et l'angle aigu B; il faut trouver l'angle C et les côtés b, c.

On a d'abord

$$C = 90° - B;$$

ensuite, les relations (1) et (2) du n° 46 donnent, par l'emploi des logarithmes,

$$\log b = \log a + \log \sin B - 10,$$
$$\log c = \log a + \log \cos B - 10.$$

Deuxième cas. — On donne un des côtés de l'angle droit b et l'un des angles B; on demande c; a et C.

On a premièrement

$$C = 90° - B;$$

puis les relations (1) et (3) des n°^{os} 46 et 47 donnent, par l'emploi des logarithmes,

$$\log a = \log b + \overline{10 - \log \sin B},$$
$$\log c = \log b + \overline{10 - \log \tang B}.$$

N. B. — Les expressions $\overline{10 - \log \sin B}$, $\overline{10 - \log \cos B}$, ne sont autre chose que les *compléments arithmétiques* de $\log \sin B$ et de $\log \tang B$, compléments que l'on peut obtenir d'après l'inspection seule des logarithmes.

Troisième cas. — On donne l'hypoténuse a et l'un des côtés de l'angle droit b; on demande B, C et c.

On a d'abord, d'après la relation (1),

$$\log \sin B = \log B + \overline{10 - \log a},$$

ensuite

$$C = 90° - B;$$

et enfin, d'après la relation (2),

$$\log c = \log a + \log \cos B - 10.$$

N. B. — Si l'on voulait obtenir c directement, c'est-à-dire au moyen des données elles-mêmes a et b, il faudrait avoir recours à la relation

$$c^2 = a^2 - b^2 = (a + b)(a - b),$$

qui donne, par l'emploi des logarithmes,

$$\log c = \frac{1}{2}[\log(a + b) + \log(a - b)].$$

On peut du moins employer cette formule à la vérification des calculs.

Quatrième cas. — On donne les deux côtés b, c de l'angle droit; on demande B, C et a.

Le troisième principe (n° 47) donne d'abord

$$\log \tang B = \log b + 10 - \log \tang c;$$

on a ensuite

$$C = 90° - B.$$

Enfin, de la relation (1) on déduit

$$\log a = \log b + \overline{10 - \log \sin B};$$

d'ailleurs on a encore

$$\log a = \log c + \overline{10 - \log \cos B}.$$

49. *Première remarque.* — Comme les questions relatives aux triangles rectangles se réduisent à celle-ci : *deux* des *cinq* quantités B, C, a, b, c étant données, trouver les *trois* autres, et que 5 choses combinées 2 à 2 ou 3 à 3 donnent $\dfrac{5 \times 4}{2}$, ou 10 combinaisons, il s'ensuit que cette question générale présente en apparence *dix* cas différents; mais, en les analysant, on reconnaît qu'ils

rentrent dans les quatre cas que nous venons d'examiner.

En effet, il faut d'abord faire abstraction de celui où l'on donne les deux angles B et C, puisque, dans ce cas, le triangle est *indéterminé*, c'est-à-dire qu'il y a une infinité de triangles (tous semblables entre eux) qui satisfont à la question.

Quant aux autres cas, ils sont compris sous *deux* hypothèses principales : on donne *un côté et un angle*, ou bien *deux côtés*.

Dans la première hypothèse, le côté donné peut être l'*hypoténuse*, ce qui offre les *deux* combinaisons a, B$|a$, C, qui rentrent évidemment dans l'énoncé du premier cas.

Si le côté donné est *un côté de l'angle droit*, on a les *quatre* combinaisons b, B$|b$, C$|c$, B$|c$, C, qui sont comprises dans l'énoncé du second cas.

Dans la deuxième hypothèse, l'un des côtés donnés peut être l'*hypoténuse*, ce qui donne les deux combinaisons a, $b|a$, c; et celles-ci rentrent dans le troisième.

Enfin, on peut donner *les deux côtés de l'angle droit*, ce qui n'offre qu'une seule combinaison correspondant au quatrième cas, savoir, b, c.

50. *Seconde remarque.* — En réfléchissant sur ces mêmes questions, on reconnaît facilement qu'un triangle rectangle est toujours possible avec les données de chacun des cas examinés n° 48, à l'exception du troisième. Il faut, dans ce cas, pour que le triangle soit possible, que le côté de l'angle droit ait une *valeur numérique* moindre que l'hypoténuse. Si le contraire avait lieu, la construction géométrique ferait ressortir l'impossibilité du triangle; or je dis qu'il en est de même de la résolution par la Trigonométrie.

En effet, la formule qui donne, dans ce cas, la valeur de l'angle B étant

$$\log \sin B = \log B + 10 - \log a,$$

si l'on a $b > a$, il s'ensuit

$$\log b > \log a;$$

d'où

$$\log b - \log a > 0,$$

et, par conséquent,

$$\log \sin B > 10 \quad \text{ou} \quad \sin B > 1 :$$

ce qui est impossible, puisqu'un sinus doit toujours être moindre que l'unité.

Dans les trois autres cas, il est aisé de voir que les formules donnent des valeurs toujours admissibles.

En général, les expressions

$$\sin a > 1, \quad \cos a > 1, \quad \text{séc } a < 1, \quad \text{coséc } a < 1,$$

ou (n° 42)

$$\log \sin a > 10, \quad \log \cos a > 10, \quad \log \text{séc } a < 10, \quad \log \text{coséc} < 10,$$

sont, en Trigonométrie, des symboles d'absurdité, comme le sont en Algèbre les expressions telles que $\sqrt{-1}$.

C'est une remarque que nous avons déjà faite dans le n° **17**, où nous avons observé que la tangente et la cotangente n'offrent pas de caractère semblable, parce que ces lignes *peuvent passer par tous les états de grandeur.*

Un seul exemple, se rapportant au troisième cas, suffira pour mettre les commençants au fait de l'usage des Tables (sexagésimales) pour la solution des triangles rectangles.

$$\textit{Étant donnés} \left\{ \begin{array}{l} a = 129,56 \\ b = 47,23 \end{array} \right\}, \quad \textit{trouver } B, C, c,$$

on a

1°.
$$\log \sin B = \log b + 10 - \log a;$$

$$\log b = 1,6742179 \quad 538:10'' = 3o8:x,$$

$$\text{comp. } \log a = 7,8875291 \quad 3o8o \left.\begin{matrix} \dfrac{538}{6} \end{matrix}\right.,$$

d'où
$$\log \sin B = 9,5617470$$
$$162$$
$$\overline{3o8}$$

$$B = 21°22'46'';$$

2°.
$$C = 90° - B = 68°37'14'';$$

3°.
$$\log c = \log a + \log \cos B - 10;$$

$$\log a = 2,1124709 \quad 10:82 = 4:x,$$

$$\log \cos B = 9,9690334 \quad \frac{82 \times 4}{10} = 32,8,$$
$$33$$
$$\overline{\log c = 2,0825076}$$

d'où
$$c = 120,64.$$

Vérification.

$$\log c = \frac{1}{2}\left[\log(a+b) + \log(a-b)\right],$$

$$a + b = 176,79, \quad a - b = 82,33;$$

$$\log(a+b) = 2,2474577$$
$$\log(a-b) = 1,9155581$$
$$\overline{4,1630158}$$

$$\log c = 2,0815079;$$

d'où
$$c = 120,64.$$

N. B. — La légère différence qui existe entre les deux valeurs obtenues pour $\log c$, tient à l'imperfection des Tables.

Des triangles quelconques.

51. La résolution des triangles quelconques repose sur deux principes dont voici les démonstrations.

PREMIER PRINCIPE. — *Dans tout triangle, les sinus des angles sont entre eux respectivement comme les côtés opposés à ces angles.*

Soit ABC (*fig.* 11) un triangle acutangle ou obtusangle en C.

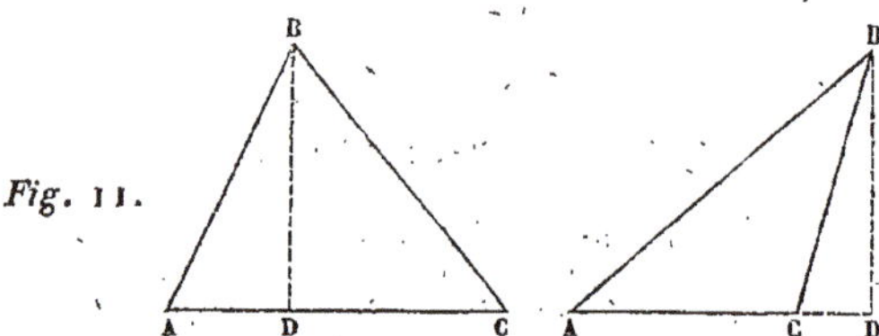

Fig. 11.

Du point B, abaissons la perpendiculaire BD sur le côté opposé AC, prolongé si cela est nécessaire.

En appliquant aux deux triangles rectangles ADB, BDC le premier principe du n° 46, on a les deux proportions

$$BD = c \sin A,$$
$$BD = a \sin C;$$

d'où l'on tire

$$c \sin A = a \sin C,$$

et, par conséquent,

$$\frac{\sin A}{a} = \frac{\sin C}{c}.$$

Lorsque l'angle C est obtus, c'est l'angle BCD qui entre dans la seconde proportion ; mais comme (n° 10) deux angles supplémentaires l'un de l'autre ont le même sinus, il en résulte

$$\sin BCD = \sin BCA = \sin C,$$

et la troisième proportion n'en subsiste pas moins.

En considérant les deux angles A, B, et abaissant du point C une perpendiculaire sur AB, on trouverait encore

$$\frac{\sin A}{a} = \frac{\sin B}{b}.$$

Cette proportion et la troisième peuvent être réunies ainsi,

$$(1) \qquad \frac{\sin A}{a} = \frac{\sin B}{b} = \frac{\sin C}{c};$$

ce qui démontre le principe énoncé.

52. SECOND PRINCIPE. — *Dans tout triangle le carré d'un côté quelconque est égal à la somme des carrés des deux autres, moins le double produit de ces deux côtés et du cosinus de l'angle opposé au premier côté.*

Considérons la même figure (*fig.* 11, page 74); on a, d'après un théorème connu,

$$\overline{AB}^2 = \overline{BC}^2 + \overline{AC}^2 - 2\,AC \times CD,$$

ou

$$c^2 = a^2 + b^2 - 2\,b \times CD.$$

Mais le triangle rectangle BDC donne (n° 46)

$$CD = a \cos C;$$

donc, en substituant,

$$(2) \qquad c^2 = a^2 + b^2 - 2\,ab \cos C.$$

Si l'angle C était obtus, on aurait d'abord

$$\overline{AB}^2 = \overline{BC}^2 + \overline{AC}^2 + 2\,AC \times CD,$$

ou

$$c^2 = a^2 + b^2 + 2\,b \times CD.$$

Or le triangle BDC donnerait

$$CD = a \cos BCD;$$

mais comme $BCD = 180° — BCA = 180° — C$, il en résulte (n° 10)

$$\cos BCD = - \cos C$$

(deux angles supplémentaires l'un de l'autre ayant des cosinus égaux et de signes contraires). Ainsi

$$CD = a \times - \cos C = - a \cos C,$$

et, par conséquent,

$$c^2 = a^2 + b^2 - 2\,ab \cos C;$$

d'où l'on voit que le principe énoncé est vrai quelle que soit la nature de l'angle C.

De même que c est exprimé dans cette formule au moyen de a et b, on pourrait également chercher b en fonction de a et c, ou a en fonction de b et c; ce qui donnerait les deux nouvelles relations

$$b^2 = a^2 + c^2 - 2\,ac \cos B,$$
$$a^2 = b^2 + c^2 - 2\,bc \cos A.$$

53. Avant de passer à l'examen de différents cas relatifs à la résolution des triangles quelconques, commençons par en déterminer le *nombre*.

Or, comme la question générale a pour but de déterminer *trois* quelconques des *six* choses A, B, C, a, b, c, connaissant les *trois* autres, et que 6 quantités combinées 3 à 3 donnent $\dfrac{6 \times 5 \times 4}{2 \times 3}$ ou 20 combinaisons, il s'ensuit que cette question offre en apparence *vingt* cas différents; mais une analyse succincte les réduit à *quatre*, comme nous allons le voir.

Nous devons d'abord faire abstraction de celui où l'on donne les angles A, B, C, et qui est *indéterminé*.

Maintenant on peut donner :

1°. *Un côté et deux angles*, ce qui offre les *neuf* combinaisons :

$$a, \text{A}, \text{B}, \qquad b, \text{A}, \text{B}, \qquad c, \text{A}, \text{B},$$
$$a, \text{A}, \text{C}, \qquad b, \text{A}, \text{C}, \qquad c, \text{A}, \text{C},$$
$$a, \text{B}, \text{C}, \qquad b, \text{B}, \text{C}, \qquad c, \text{B}, \text{C}.$$

Il est d'ailleurs indifférent que les deux angles donnés soient A et B, A et C, ou B et C, puisque la relation $A + B + C = 180^\circ$ fait connaître immédiatement le troisième. Il suffit seulement que la somme des deux angles soit donnée moindre que 180 degrés.

2°. *Deux côtés et l'angle opposé à l'un de ces côtés;* ce qui présente *six* de ces combinaisons :

$$a, b, \text{A}, \qquad a, c, \text{A}, \qquad b, c, \text{B},$$
$$a, b, \text{B}, \qquad a, c, \text{C}, \qquad b, c, \text{C};$$

et les calculs effectués pour l'une d'elles doivent s'appliquer aux cinq autres.

3°. *Deux côtés et l'angle compris;* ce qui donne les trois combinaisons :

$$a, b, \text{C}, \quad | \quad a, c, \text{B}, \quad | \quad b, c, \text{A}.$$

4°. Enfin les *trois côtés;* ce dernier cas n'offre qu'une seule combinaison.

On a donc en tout dix-neuf combinaisons, qui se réduisent à *quatre* cas différents.

54. Premier cas. *On donne un côté a et deux angles* A *et* B, il faut trouver C, b et c.

On a d'abord pour l'angle C,

$$C = 180^\circ - (A + B).$$

Ensuite, les proportions

$$\sin A : \sin B = a : b$$

et

$$\sin A : \sin C = a : c$$

donnent

$$\log b = \log a + \log \sin B - \log \sin A$$

et

$$\log c = \log a + \log \sin C - \log \sin A;$$

ces formules font connaître $\log b$, $\log c$, et par suite b, c.

55. SECOND CAS. — *Étant donnés deux côtés* a, b, *et l'angle* A *opposé à l'un d'eux,* trouver B, C et c.

On obtient d'abord l'angle B par la proportion

$$\frac{\sin B}{\sin A} = \frac{a}{b}$$

qui donne

$$\log \sin B = \log \sin A + \log b - \log a.$$

Connaissant les deux angles A et B, on en déduit

$$C = 180° - (A + B);$$

puis, pour déterminer c, on a

$$\log c = \log a + \log \sin C - \log \sin A.$$

Discussion. — Ce second cas offre diverses circonstances qu'il est important d'examiner.

Comme l'angle B est ici déterminé par son sinus, et que deux angles *supplémentaires* l'un de l'autre ont *même sinus,* il s'ensuit que, $\log \sin B$ étant calculé d'après la formule ci-dessus, on peut prendre pour valeur correspondante de l'angle cherché, soit l'angle aigu B qui se trouve dans la Table, soit son supplément 180° — B.

Ces deux valeurs, étant transportées dans les formules qui donnent C et c, fourniront également deux valeurs pour chacune de ces grandeurs. D'où l'on voit que la question est, en général, susceptible de *deux* solutions.

En effet, la construction géométrique donne lieu aux

deux triangles ABC, AB′C (*fig.* 12), dont l'un est acutangle en B, et l'autre obtusangle en B′.

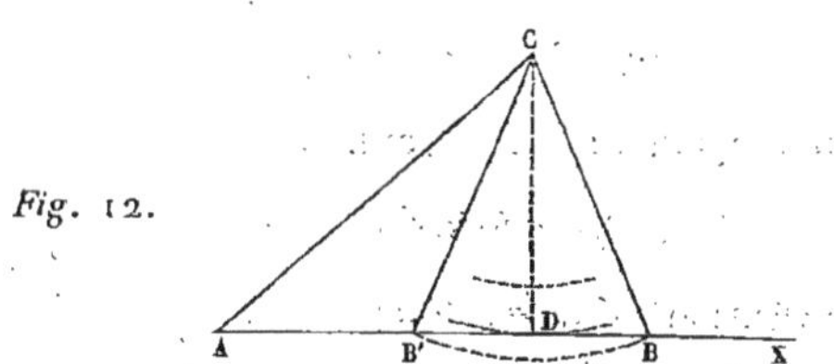

Fig. 12.

L'indétermination cesse lorsqu'on sait d'avance de
quelle espèce est l'angle inconnu B, c'est-à-dire s'il est
aigu ou *obtus*. Dans le premier cas, on prend pour valeur
correspondante à log sin B, l'angle aigu de la Table; et,
dans le second cas, on prend son supplément.

Il n'y a d'ailleurs qu'une solution dans deux circonstances principales :

1°. Lorsque l'angle A étant aigu, on donne $a > b$; car
alors, comme au plus grand côté doit être opposé le plus
grand angle, il est clair qu'on doit avoir $A > B$: on ne
peut donc prendre pour B, que l'angle aigu de la Table;

2°. Lorsque l'angle A est obtus; car, dans ce cas, B ne
peut être qu'un angle aigu.

Enfin, il est deux autres circonstances particulières où
la question n'est susceptible que d'*une* solution, ou n'en
admet *aucune*. C'est lorsqu'on trouve pour log sin B,

$$\log \sin B = 10 \quad \text{ou} \quad \log \sin B > 10.$$

Pour savoir si cela peut arriver, et quand cela arrive,
revenons sur la construction géométrique (*fig.* 12).

Il peut se faire que l'arc de cercle décrit du point C
comme centre, qui rencontre généralement AX en deux
points, ne fasse que *toucher* cette droite.

Dans ce cas, les deux triangles ABC, AB′C se réduisent

au *seul* triangle rectangle ADC. Tâchons d'exprimer algébriquement cette condition. On doit avoir évidemment

$$CB \quad \text{ou} \quad a = CD.$$

Mais le triangle rectangle ADC donne (46)

$$CD = b \sin A.$$

La relation précédente devient donc

$$a = b \sin A \quad \text{ou} \quad \frac{b \sin A}{a} = 1.$$

Ainsi

$$\log b + \log \sin A - \log a \quad \text{ou} \quad \log \sin B = \log 1 = 10.$$

D'où l'on voit qu'on parvient à

$$\log \sin B = 10,$$

lorsqu'on suppose entre les données a, b, A, la relation $a = b \sin a$; ou, *géométriquement*, lorsque le côté a est égal à la perpendiculaire abaissée du point C sur AX.

Enfin, on peut avoir

$$a < b \sin a \quad \text{ou} \quad \frac{b \sin A}{a} > 1;$$

il en résulte

$$\log b + \log \sin A - \log a \quad \text{ou} \quad \log \sin B > 10.$$

C'est le cas où l'arc de cercle n'atteint pas la droite AX (*fig.* 12, page 79), puisque alors on a $a < CD$.

56. Troisième cas. — *Étant donnés deux côtés* a, b, *et l'angle compris* C, *trouver* A, B *et* c.

On ne peut, pour ce cas, faire immédiatement usage du premier principe, parce que la relation (1) n'existant qu'entre les éléments opposés du triangle, on aurait toujours deux inconnues dans chacune des proportions qu'elle fournit. Cependant ce principe, combiné avec la proposition du n° 33, donne lieu à une formule qui fait connaître en même temps les deux angles A et B.

En effet, la proportion

$$\sin A : \sin B = a : b$$

donne

$$\sin A + \sin B : \sin A - \sin B = a + b : a - b;$$

mais on a (n° 33)

$$\frac{\sin A + \sin B}{\sin A - \sin B} = \frac{\tang \frac{1}{2}(A + B)}{\tang \frac{1}{2}(A - B)},$$

donc

$$\frac{a + b}{a - b} = \frac{\tang \frac{1}{2}(A + B)}{\tang \frac{1}{2}(A - B)}.$$

Cela posé, comme l'angle C est donné, et qu'on a d'ailleurs

$$A + B = 180° - C,$$

d'où

$$\frac{1}{2}(A + B) = 90° - \frac{1}{2}C,$$

et, par suite,

$$\tang \frac{1}{2}(A + B) = \cot \frac{1}{2}C,$$

il en résulte que les trois premiers termes de la dernière proportion sont connus; ainsi le quatrième terme pourra s'obtenir à l'aide de la formule logarithmique

$$\log \tang \frac{1}{2}(A - B) = \log(a - b) + \log \cot \frac{1}{2}C - \log(a + b),$$

ce qui fera connaître

$$\frac{1}{2}(A - B).$$

Soient donc

$$\tfrac{1}{2}(A + B) = m, \quad \tfrac{1}{2}(A - B) = n,$$

m et n désignant deux nombres connus de degrés ; on obtient

par addition, $A = m + n,$
et par soustraction, $B = m - n.$

Connaissant les angles A , B , C , on trouve le troisième côté par la formule

$$\log c = \log a + \log \sin C - \log \sin A,$$

ou

$$\log c = \log b + \log \sin C - \log \sin B.$$

87. *Discussion.* — La construction d'un triangle dans lequel on donne deux côtés et l'angle compris, est toujours possible ; et, en effet, la formule principale d'où dépend, dans ce cas, la détermination des angles A et B, renferme une tangente comme inconnue ; et l'on sait qu'une tangente peut passer par tous les états de grandeur.

Dans le cas particulier de $a = b$, la proportion qui sert à déterminer $\operatorname{tang} \tfrac{1}{2} (A - B)$ donne

$$\operatorname{tang} \tfrac{1}{2} (A - B) = 0,$$

d'où

$$\tfrac{1}{2}(A - B) = n = 0;$$

ce qui donne

$$A = B = m = 90° - \tfrac{1}{2}C :$$

et cela doit être, puisque le triangle est isocèle.

Quant à la valeur de c, comme on a

$$c = \frac{a \sin C}{\sin A},$$

et que

$$\sin C = 2 \sin \tfrac{1}{2} C \cos \tfrac{1}{2} C \quad (\text{n}^\circ 24),$$

puis

$$\sin A = \sin \left(90^\circ - \tfrac{1}{2} C \right) = \cos \tfrac{1}{2} C,$$

il en résulte

$$c = 2 a \sin \tfrac{1}{2} C.$$

C'est ce qu'indique la figure correspondant à ce cas
particulier. Soit ACB (*fig.* 13) un triangle isocèle, dans

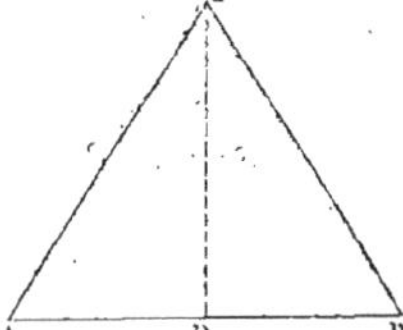

Fig. 13.

lequel BC $=$ AC, ou $a = b$; il en résulte A $=$ B; et si
l'on abaisse la perpendiculaire CD, on a

$$\text{DCB} = \text{DCA} = \tfrac{1}{2} C,$$

d'où

$$A = B = 90^\circ - \tfrac{1}{2} C.$$

D'ailleurs le triangle rectangle ADC donne (n$^\circ$ 46)

$$\text{BD} \quad \text{ou} \quad \tfrac{1}{2} c = \text{BC} . \sin \text{BCD} = a \sin \tfrac{1}{2} C;$$

6.

donc

$$c = 2a \sin \frac{1}{2} C.$$

58. **Troisième cas** *bis*. — Quoique la méthode qui vient d'être exposée pour résoudre le troisième cas soit très-simple, nous croyons devoir en faire connaître une seconde, qui consiste à déterminer d'abord le troisième côté c en fonction des données, et à en déduire ensuite les angles, parce qu'elle donne lieu à des transformations trigonométriques que les jeunes gens ne sauraient se rendre trop familières.

La formule du n° 52 donne

$$c = \sqrt{a^2 + b^2 - 2ab \cos C},$$

et fait connaître immédiatement c en fonction des données a, b, C. A la vérité, cette valeur, dans son état actuel, ne se prête pas à l'emploi des logarithmes ; mais on peut lui faire subir une transformation ayant pour objet de la ramener à une autre qui ne contienne que des symboles de multiplication, division, et extraction de racine, effectuées sur des nombres donnés *à priori*, ou dont on peut obtenir les résultats par de simples additions et soustractions.

De toutes les transformations susceptibles de conduire à ce but, la suivante est sans contredit la plus simple et la plus élégante :

Comme on a les relations

$$\cos^2 \frac{1}{2} C + \sin^2 \frac{1}{2} C = 1,$$

et (n° 21)

$$\cos C = \cos^2 \frac{1}{2} C - \sin^2 \frac{1}{2} C,$$

il s'ensuit que l'égalité

$$c = \sqrt{a^2 + b^2 - 2ab\cos C}$$

peut se mettre sous la forme

$$c = \sqrt{(a^2 + b^2)\left(\cos^2\frac{1}{2}C + \sin^2\frac{1}{2}C\right) - 2ab\left(\cos^2\frac{1}{2}C - \sin^2\frac{1}{2}C\right)},$$

expression qui revient aux suivantes :

$$c = \sqrt{(a-b)^2\cos^2\frac{1}{2}C + (a+b)^2\sin^2\frac{1}{2}C}$$

$$= (a-b)\cos\frac{1}{2}C\sqrt{1 + \frac{(a+b)^2\sin^2\frac{1}{2}C}{(a-b)^2\cos^2\frac{1}{2}C}}$$

$$= (a-b)\cos\frac{1}{2}C\sqrt{1 + \frac{(a+b)^2\tan^2\frac{1}{2}C}{(a-b)^2}}.$$

Posons maintenant

$$\frac{(a+b)\tan\frac{1}{2}C}{a-b} = \tan\varphi;$$

il en résulte

$$\sqrt{1 + \frac{(a+b)^2\tan^2\frac{1}{2}C}{(a-b)^2}} = \sqrt{1 + \tan^2\varphi} = \frac{1}{\cos\varphi},$$

et la valeur de c devient enfin

$$c = \frac{(a-b)\cos\frac{1}{2}C}{\cos\varphi}.$$

D'où l'on voit que c s'obtiendrait aisément par logarithmes si l'on connaissait l'angle φ. Or l'expression de $\tan\varphi$, établie plus haut, peut être elle-même calculée par logarithmes, et donne

$$\log\tan\varphi = \log(a+b) + \log\tan\frac{1}{2}C + \text{comp.}\log(a-b).$$

L'angle φ étant ainsi déterminé, on a ensuite

$$\log c = \log(a - b) + \log\cos\frac{1}{2}C + \text{comp.}\log\cos\varphi;$$

connaissant c, on obtient les angles A, B, par les formules

$$\log\sin A = \log a + \log\sin C - \log c,$$
$$\log\sin B = \log b + \log\sin C - \log c,$$

et si les calculs de cette méthode ont été exacts, les trois angles A, B, C doivent satisfaire à la relation

$$A + B + C = 180^\circ.$$

Nous observerons, à cette occasion, que cette même relation ne saurait servir à vérifier les calculs de la première méthode, parce que les angles A et B n'ont pas été déterminés indépendamment l'un de l'autre, mais au moyen des relations

$$\frac{1}{2}(A - B) = n, \quad \frac{1}{2}(A + B) = m = 90^\circ - \frac{1}{2}C,$$

dont la dernière n'est autre chose que la relation

$$A + B + C = 180^\circ.$$

Ainsi, quand bien même on aurait commis une erreur en déterminant n (opération qui constitue le calcul principal de la méthode), les angles A, B, C n'en vérifieraient pas moins cette relation.

En effet, les deux expressions

$$A = 90^\circ - \frac{1}{2}C + n, \quad B = 90^\circ - \frac{1}{2}C - n,$$

donnent par leur addition,

$$A + B = 180^\circ - C, \quad \text{ou} \quad A + B + C = 180^\circ,$$

que n soit exact ou inexact.

N. B. — Quoique la première méthode soit plus simple que la seconde, celle-ci a toutefois un avantage, c'est de présenter immédiatement un moyen de vérification.

Au reste, rien n'empêche, dans la seconde méthode, de s'arrêter à la valeur de c, seulement pour vérifier les calculs de la première.

59. Voyons ce que deviennent les formules de la seconde méthode, dans le cas particulier de $a = b$.

D'abord la formule

$$\tang \varphi = \frac{(a + b)\tang \frac{1}{2} C}{a - b}$$

devient

$$\tang \varphi = \frac{2 a \tang \frac{1}{2} C}{0} = \infty \, ;$$

et puisque $\tang \varphi$ est *infini*, l'angle φ est *droit*, ce qui donne $\cos \varphi = 0$; et par conséquent $c = \frac{0}{0}$.

Pour interpréter ce résultat, il faut remarquer qu'afin de rendre la valeur de c calculable par logarithmes, on a été conduit à multiplier et à diviser cette valeur par $(a - b) \cos \frac{1}{2} C$; il n'est donc pas surprenant qu'elle se réduise à $\frac{0}{0}$ par la supposition $a = b$.

Si l'on veut obtenir la vraie valeur de c, il faut remonter à l'expression

$$c = \sqrt{(a - b)^2 \cos^2 \frac{1}{2} C + (a + b)^2 \sin^2 \frac{1}{2} C},$$

laquelle, dans l'hypothèse de $a = b$, se réduit à

$$c = \sqrt{4 a^2 \sin^2 \frac{1}{2} C} = 2 a \sin \frac{1}{2} C,$$

comme on l'a trouvé n° 57 par la première méthode.

60. QUATRIÈME ET DERNIER CAS. — *Étant donnés les trois côtés* a , b , c , *déterminer les angles* A , B , C.

Les trois formules du second principe (n° 52) donnent

$$\cos A = \frac{b^2 + c^2 - a^2}{2\,bc}, \quad \cos B = \frac{a^2 + c^2 - b^2}{2\,ac}; \quad \cos C = \frac{a^2 + b^2 - c^2}{2\,ab};$$

mais, comme ces expressions ne sont pas calculables par logarithmes, il faut tâcher de les remplacer par d'autres qui satisfassent à cette condition.

Considérons en particulier la première, et ajoutons l'unité aux deux membres ; il vient

$$1 + \cos A = \frac{(b+c)^2 - a^2}{2\,bc} = \frac{(b+c+a)\,(b+c-a)}{2\,bc},$$

expression dont le second membre est déjà calculable par logarithmes.

D'un autre côté, on a (n° 24)

$$\cos \tfrac{1}{2} A = \sqrt{\frac{1 + \cos A}{2}};$$

donc

$$\cos \tfrac{1}{2} A = \sqrt{\frac{(b+c+a)\,(b+c-a)}{4\,bc}},$$

formule logarithmique qui fera connaître l'angle A par le cosinus de sa moitié.

On peut encore lui faire subir une légère simplification en posant

$$a + b + c = 2p,$$

d'où

$$b + c - a = 2p - 2a;$$

ce qui donne

$$\cos \tfrac{1}{2} A = \sqrt{\frac{2p\,(2p - 2a)}{4\,bc}},$$

ou, réduisant,

$$\cos \tfrac{1}{2} A = \sqrt{\frac{p\,(p - a)}{bc}}.$$

[La supposition de $a + b + c = 2p$ fait disparaître le facteur 4; et par conséquent, dans les applications, on aura un logarithme de moins à chercher.]

En opérant de même sur les valeurs de $\cos B$, $\cos C$, on trouverait

$$\cos \frac{1}{2} B = \sqrt{\frac{p(p-b)}{ac}}, \quad \cos \frac{1}{2} C = \sqrt{\frac{p(p-c)}{ab}}.$$

En appliquant les logarithmes à la première, on obtient

$$\log \cos \frac{1}{2} A = \frac{1}{2} [\log p + \log(p-a) + \text{comp}.\log b + \text{comp}.\log c].$$

N. B. — Quoiqu'on ait pris deux compléments, cette dernière expression, telle qu'elle est, n'en donne pas moins la vraie valeur de $\log \cos \frac{1}{2} A$, c'est-à-dire celle des Tables, parce que la dizaine qu'il faudrait retrancher du second membre, à cause des compléments, est compensée par la dizaine qu'il faudrait retrancher du premier membre, à cause de l'augmentation de dix unités que l'on a fait subir à tous les logarithmes des Tables de sinus.

Comme les angles A, B, C sont déterminés indépendamment les uns des autres, il s'ensuit qu'on peut employer la relation $A + B + C = 180°$, pour la vérification des calculs.

61. *Discussion*. — Reprenons la formule

$$\cos \frac{1}{2} A = \sqrt{\frac{p(p-a)}{bc}},$$

et observons que l'angle $\frac{1}{2} A$ étant calculé par le moyen de son cosinus, sa détermination dépend de deux conditions; il faut : 1° que la quantité sous le radical soit *positive*; 2° que cette quantité soit *moindre que l'unité*. Ainsi l'on doit avoir

$$\frac{p\,(p-a)}{cb} > 0 \quad \text{et} \quad < 1.$$

La première condition se réduit à

$$p - a > 0 \quad \text{ou} \quad \frac{a+b+c}{2} > a \quad \text{ou bien} \quad b + c > a.$$

La seconde devient

$$\left(\frac{a+b+c}{2}\right)\left(\frac{a+b+c}{2} - a\right) < bc,$$

ou

$$\frac{(b+c+a)\,(b+c-a)}{4} < bc;$$

ou

$$(b+c)^2 - a^2 < 4\,bc, \quad \text{ou} \quad (b-c)^2 < a^2,$$

condition qui se décompose en deux autres, savoir :

$$b - c < a, \quad \text{ou} \quad b < a + c, \quad \text{si l'on a} \quad b > c,$$

ou bien

$$c - b < a, \quad \text{ou} \quad c < a + b, \quad \text{si l'on a} \quad c > b.$$

Ainsi, pour que le triangle soit possible, il faut que l'on ait

$$a < b + c, \quad b < a + c, \quad c < a + b.$$

Quand une de ces relations subsiste en sens contraire, on en est averti par cette circonstance, que $\cos \frac{1}{2} A$ est *imaginaire* ou *plus grand* que 1.

Quand l'une d'elles se change en une égalité, on a alors

$$\cos \frac{1}{2} A = 0,$$

d'où

$$\frac{1}{2} A = 90° \quad \text{et} \quad A = 180°;$$

c'est-à-dire que le triangle se réduit dans ce cas particulier à une ligne droite.

62. Les angles A, B, C peuvent encore être déterminés, soit par le sinus, soit par la tangente de leur moitié.

D'abord on a (n° 24)

$$\sin \tfrac{1}{2} A = \sqrt{\frac{1 - \cos A}{2}} ;$$

d'où, substituant à la place de $\cos A$ sa valeur $\dfrac{b^2 + c^2 - a^2}{2\,bc}$,

$$\sin \tfrac{1}{2} A = \sqrt{\frac{a^2 - b^2 - c^2 + 2\,bc}{4\,bc}} = \sqrt{\frac{(a - b + c)(a + b - c)}{4\,bc}},$$

ou, posant comme précédemment

$$a + b + c = 2p,$$

d'où

$$a + c - b = 2p - 2b, \quad a + b - c = 2p - 2c;$$

$$\sin \tfrac{1}{2} A = \sqrt{\frac{(p - b)(p - c)}{bc}}.$$

Cette formule est tout aussi simple que celle qui donne $\cos \tfrac{1}{2} A$; mais nous avons préféré faire connaître d'abord celle-ci, parce qu'elle se prête plus facilement à la discussion.

On obtiendrait pareillement

$$\sin \tfrac{1}{2} B = \sqrt{\frac{(p - a)(p - c)}{ac}}, \quad \sin \tfrac{1}{2} C = \sqrt{\frac{(p - a)(p - b)}{ab}}.$$

En second lieu, on a (n° 4)

$$\operatorname{tang} \tfrac{1}{2} A = \frac{\sin \tfrac{1}{2} A}{\cos \tfrac{1}{2} A};$$

d'où, remplaçant $\sin \frac{1}{2} A$ et $\cos \frac{1}{2} A$ par leurs valeurs,

$$\operatorname{tang} \frac{1}{2} A = \sqrt{\frac{(p-b)(p-c)}{bc}} : \sqrt{\frac{p(p-a)}{bc}},$$

ou bien encore

$$\operatorname{tang} \frac{1}{2} A = \sqrt{\frac{(p-b)(p-c)}{p(p-a)}}.$$

On aurait pareillement

$$\operatorname{tang} \frac{1}{2} B = \sqrt{\frac{(p-a)(p-c)}{p(p-b)}}, \quad \operatorname{tang} \frac{1}{2} C = \sqrt{\frac{(p-a)(p-b)}{p(p-c)}}.$$

Ces nouvelles formules sont beaucoup plus avantageuses dans les applications, que celles qui donnent $\sin \frac{1}{2} A$ et $\cos \frac{1}{2} A$, parce que l'on n'a besoin de chercher dans les Tables que les *quatre* logarithmes $\log p$, $\log(p-a)$, $\log(p-b)$, $\log(p-c)$, tandis que pour le sinus ou le cosinus il faut en chercher *six*.

63. Voici d'ailleurs un tableau de toutes les formules relatives à la résolution des triangles, soit rectangles, soit obliquangles.

TABLEAU

Des formules relatives à la résolution des triangles rectilignes.

Triangles rectangles.

DONNÉES.	INCONNUES.
1ᵉʳ CAS. a, B.	$C = 90^\circ - B,$ $\log b = \log a + \log \sin B - 10,$ $\log c = \log a + \log \cos B - 10.$
2ᵉ CAS. b, B.	$C = 90^\circ - B,$ $\log a = \log b + \text{comp.} \log \sin B,$ $\log c = \log b + \text{comp.} \log \tan B.$
3ᵉ CAS. a, b.	$\log \sin B = \log b + \text{comp.} \log c,$ $C = 90^\circ - B,$ $\log c = \log a + \log \cos B - 10,$ ou $\quad \log c = \frac{1}{2}\left[\log(a+b) + \log(a-b) \right].$
4ᵉ CAS. b, c.	$\log \tan B = \log b + \text{comp.} \log c,$ $C = 90^\circ - B,$ $\log a = \log b + \text{comp.} \log \sin B.$

Triangles quelconques.

DONNÉES.	INCONNUES.
1ʳᵉ CAS. a, A, B.	$C = 180^\circ - (A + B),$ $\log b = \log a + \log \sin B + \text{comp.} \log \sin A,$ $\log c = \log a + \log \sin C + \text{comp.} \log \sin A.$
2ᵉ CAS. a, b, A.	$\log \sin B = \log \sin A + \log b + \text{comp.} \log a,$ $C = 180^\circ - (A + B),$ $\log c = \log a + \log \sin C + \text{comp.} \log \sin A,$ ou $\quad \log c = \log b + \log \sin C + \text{comp.} \log \sin B.$ (Ce second cas admet, en général, deux solutions.)
3ᵉ CAS. a, b, C. 1re *méthode*	$\frac{1}{2}(A + B) = 90^\circ - \frac{1}{2} C = m,$ $\log \tan \frac{1}{2}(A - B) = \log(a - b) + \log \cot \frac{1}{2} C + \text{comp.} \log(a + b).$ $\left. \begin{array}{l} \frac{1}{2}(A + B) = m \\ \frac{1}{2}(A - B) = n \end{array} \right\}$ d'où $\left\{ \begin{array}{l} A = m + n, \\ B = m - n, \end{array} \right.$ $\log c = \log a + \log \sin C + \text{c}^{\text{t}}. \log \sin A.$

DONNÉES.	INCONNUES.
3e cas. **2e méthode.**	$\log \tan g\, \varphi = \log(a+b) + \log \tan g\, \frac{1}{2} C$ $\qquad\qquad + \text{comp.} \log(a-b),$ $\log c = \log(a-b) + \log \cos \frac{1}{2} C$ $\qquad\qquad + \text{comp.} \log \cos \varphi,$ $\log \sin A = \log \sin C + \log a + \text{comp.} \log c,$ $\log \sin B = \log \sin C + \log b + \text{comp.} \log c.$ *Vérification :* $\quad A + B + C = 180^\circ.$
4e cas. $a, b, c.$ **1re méthode.**	$\log \sin \frac{1}{2} A = \frac{1}{2}\left[\log(p-b) + \log(p-c) \right.$ $\qquad\qquad \left. + \text{comp.} \log b + \text{comp.} \log c \right],$ $\log \sin \frac{1}{2} B = \frac{1}{2}\left[\log(p-a) + \log(p-c) \right.$ $\qquad\qquad \left. + \text{comp.} \log a + \text{comp.} \log c \right],$ $\log \sin \frac{1}{2} C = \frac{1}{2}\left[\log(p-a) + \log(p-b) \right.$ $\qquad\qquad \left. + \text{comp.} \log a + \text{comp.} \log b \right].$
2e méthode.	$\log \cos \frac{1}{2} A = \frac{1}{2}\left[\log p + \log(p-a) + \text{comp.} \log(p-b) \right.$ $\qquad\qquad \left. + \text{comp.} \log(p-c) \right],$ $\log \cos \frac{1}{2} B = \frac{1}{2}\left[\log p + \log(p-b) + \text{comp.} \log(p-a) \right.$ $\qquad\qquad \left. + \text{comp.} \log(p-c) \right],$ $\log \cos \frac{1}{2} C = \frac{1}{2}\left[\log p + \log(p-c) + \text{comp.} \log(p-a) \right.$ $\qquad\qquad \left. + \text{comp.} \log(p-b) \right].$
3e méthode.	$\log \tan g\, \frac{1}{2} A = \frac{1}{2}\left[\log(p-b) + \log(p-c) \right.$ $\qquad\qquad \left. + \text{comp.} \log p + \text{comp.} \log(p-a) \right],$ $\log \tan g\, \frac{1}{2} B = \frac{1}{2}\left[\log(p-a) + \log(p-c) \right.$ $\qquad\qquad \left. + \text{comp.} \log p + \text{comp.} \log(p-b) \right],$ $\log \tan g\, \frac{1}{2} C = \frac{1}{2}\left[\log(p-a) + \log(p-b) \right.$ $\qquad\qquad \left. + \text{comp.} \log p + \text{comp.} \log(p-c) \right].$ *Vérification* pour les trois méthodes : $A + B + C = 180^\circ.$

64. L'application des formules relatives au premier et au second cas n'offrant aucune difficulté, nous nous bornerons à traiter ici un exemple de chacun des deux derniers.

TROISIÈME CAS.

$$\text{Étant donnés} \left\{ \begin{array}{l} a = 374,29 \\ b = 259,36 \\ C = 57^\circ\,19'\,20'' \end{array} \right\} \text{trouver A, B, } c.$$

Les formules à employer sont

$$\log \tan g \tfrac{1}{2}(A-B) = \log(a-b) + \log \cot \tfrac{1}{2}C + \text{comp.} \log(a+b),$$

$$\frac{A+B}{2} = m = 90^\circ - \frac{1}{2}C, \qquad \frac{A-B}{2} = n;$$

d'où

$$A = m + n, \quad B = m - n,$$

$$\log c = \log a + \log \sin C + \text{comp.} \log \sin A.$$

Opérations préliminaires.

$$a+b = 633,65 \quad \left|\ \tfrac{1}{2}C = 28^\circ\,39'\,40'' \ \right|\ \frac{A+B}{2} = 90^\circ - \tfrac{1}{2}C = 61^\circ\,20'\,20''.$$
$$a-b = 114,93$$

Calcul de A et de B.

$$\begin{array}{ll}
\log(a-b) = & 2,0604334 \\
\log \cot \tfrac{1}{2}C = & 10,2623287 \\
\text{comp.} \log(a+b) = & 7,1981506 \\
\hline
\log \tan g \dfrac{A-B}{2} = & 9,5209127
\end{array}
\quad
\begin{array}{l}
9127 \\
8691 \\
\hline
436 \qquad 704 \\
704 : 436 = 10'' : x \\
x = \dfrac{4360}{704} = 6'' + \dots
\end{array}$$

Différence tabulaire

$$\frac{A-B}{2} = 18^\circ\,21'\,26'' \qquad \frac{A+B}{2} = 61^\circ\,20'\,20'' \ \left|\ \begin{array}{l} A = 79^\circ\,41'\,46'' \\ B = 42^\circ\,58'\,54'' \end{array} \right.$$

Calcul du côté c.

$$\begin{aligned}
\log a &= 2,5732082 \\
\log \sin C &= 9,9251678 \\
\text{comp.} \log \sin A &= 0,0070610 \\
\hline
\log c &= 2,5054370
\end{aligned}
\qquad
\begin{aligned}
\log \sin 79°41'40'' &= 9,9929367 \\
6'' &= 23 \\
\hline
\log \sin A &= 9,9929390
\end{aligned}$$

donc

$$c = 320,21.$$

VÉRIFICATION.   *Calcul direct du côté c.*

Les formules à employer sont :

$$\log \tang \varphi = \log (a + b) + \log \tang \tfrac{1}{2} C + \text{comp.} \log (a - b);$$

$$\log c = \log (a - b) + \log \cos \tfrac{1}{2} C + \text{comp.} \log \cos \varphi.$$

$$\begin{aligned}
\log (a + b) &= 2,8018494 \\
\log \tang \tfrac{1}{2} C &= 9,7376713 \\
\text{comp.} \log (a - b) &= 7,9395666 \\
\hline
\log \tang \varphi &= 10,4790873 \\
\varphi &= 70°38'30''
\end{aligned}
\qquad
\begin{aligned}
\log (a - b) &= 2,0604334 \\
\log \cos \tfrac{1}{2} C &= 9,9432332 \\
\text{comp.} \log \cos \varphi &= 0,5017701 \\
\hline
\log c &= 2,5054367
\end{aligned}$$

$$c = 320,21,$$

comme ci-dessus.

Autre question.

QUATRIÈME CAS.

$$\text{Étant donnés} \begin{cases} a = 69,337 \\ b = 57,486 \\ c = 48,795 \end{cases} \text{trouver A, B, C.}$$

Les formules à employer sont :

$$\log \tan \tfrac{1}{2} A = \tfrac{1}{2}[\log(p - b) + \log(p - c) + \text{comp.} \log p + \text{comp.} \log(p - a)],$$

$$\log \tan \tfrac{1}{2} B = \tfrac{1}{2}[\log(p - a) + \log(p - c) + \text{comp.} \log p + \text{comp.} \log(p - b)],$$

$$\log \tan \tfrac{1}{2} C = \tfrac{1}{2}[\log(p - a) + \log(p - b) + \text{comp.} \log p + \text{comp.} \log(p - c)].$$

Opérations préliminaires.

$$a + b + c = 175,818;$$

d'où

$$p = 87,909$$

$p = 87,909$	$p = 87,909$	$p = 87,909$
$a = 69,537$	$b = 57,486$	$c = 48,795$
$p - a = 18,372$	$p - b = 30,423$	$p - c = 39,114$

Calcul de A.

$$\log(p - b) = 1,4832020$$
$$\log(p - c) = 1,5923322$$
$$\text{comp.} \log p = 8,7358436$$
$$\text{comp.} \log(p - a) = 8,0559667$$
$$\overline{19,8673445}$$

$$\log \tan \tfrac{1}{2} A = 9,9336722$$

$$\tfrac{1}{2} A = 46° 38' 30''$$
$$A = 81° 17' 0''$$

Calcul de B.

$$\log(p - a) = 1,2641564$$
$$\log(p - c) = 1,5923322$$
$$\text{comp.} \log p = 8,0559667$$
$$\text{comp.} \log(p - b) = 8,5167980$$
$$\overline{19,4292533}$$

$$\log \tan \tfrac{1}{2} B = 9,7146266$$

$$\tfrac{1}{2} B = 27° 24' 0''5$$
$$B = 54° 48' 1''$$

7

$$Calcul\ de\ \text{C}.$$

VÉRIFICATION.

$$\log(p-a) = 1,2641564$$
$$\log(p-b) = 1,4832020$$
$$\text{comp.}\log p = 8,0559667$$
$$\text{comp.}\log(p+c) = 8,4076678$$
$$\overline{\qquad\qquad\qquad 19,2109929}$$

$$\log \operatorname{tang} \tfrac{1}{2}\text{C} = 9,6054964$$

$$\tfrac{1}{2}\text{C} = 21°57'29''4$$

$$\text{C} = 43°54'59''$$

$$\text{A} = 81°17'00''$$
$$\text{B} = 54°48'01''$$
$$\text{C} = 43°54'59''$$
$$\overline{\text{A} + \text{B} + \text{C} = 180°\ \ \text{»}\ \ \text{»}}$$

AUTRES PROPOSITIONS *sur la résolution des triangles.*

68. Reprenons les trois formules du n° 92, savoir :

$$(1)\qquad\begin{cases} a^2 = b^2 + c^2 - 2\,bc\,\cos\text{A}, \\ b^2 = a^2 + c^2 - 2\,ac\,\cos\text{B}, \\ c^2 = a^2 + b^2 - 2\,ab\,\cos\text{C}, \end{cases}$$

et observons que, puisqu'elles renferment les six quantités a, b, c, A, B, C, il doit être, en général, possible de déterminer, à l'aide de ces équations, trois quelconques d'entre elles, connaissant les trois autres. La résolution de tous les cas relatifs aux triangles quelconques est donc comprise dans ces formules; et si, pour les deux premiers cas, on a fait usage du premier principe, c'est parce que l'emploi des formules qui s'y rapportent est plus commode pour les calculs.

Au reste, il est facile de reconnaître que ce premier principe se trouve implicitement renfermé dans les formules (1).

En effet, on déduit de la première

$$\cos \text{A} = \frac{b^2 + c^2 - a^2}{2\,bc};$$

d'où

$$\sin \text{A} = \sqrt{1 - \cos^2 \text{A}} = \sqrt{\frac{4\,b^2 c^2 - (b^2 + c^2 - a^2)^2}{4\,b^2 c^2}},$$

ou, effectuant les calculs et réduisant,

$$\sin A = \frac{1}{2\,bc}\sqrt{2\,a^2\,b^2 + 2\,a^2\,c^2 + 2\,b^2\,c^2 - a^4 - b^4 - c^4}.$$

Soient divisés les deux membres de cette égalité par a; il vient

$$\frac{\sin A}{a} = \frac{1}{2\,abc}\sqrt{2\,a^2\,b^2 + 2\,a^2\,c^2 + 2\,b^2\,c^2 - a^4 - b^4 - c^4},$$

égalité dont le second membre est symétrique en a, b, c. D'où il suit qu'en désignant par k ce second membre, on trouverait de même, en changeant A, a, en B, b, et réciproquement, puis en C, c, et réciproquement,

$$\frac{\sin B}{b} = k \quad \text{et} \quad \frac{\sin C}{c} = k;$$

donc

$$\frac{\sin A}{a} = \frac{\sin B}{b} = \frac{\sin C}{c}.$$

66. Pour faire ressortir davantage toute la généralité des formules (1), nous allons nous proposer de déterminer les côtés a, b, c, connaissant les angles A, B, C.

Nous devons reconnaître que la question est *indéterminée*, mais que les côtés a, b, c sont *proportionnels aux sinus des angles opposés*.

Ajoutons d'abord ces formules deux à deux; il vient

$$a^2 + b^2 = a^2 + b^2 + 2\,c^2 - 2\,bc\,\cos A - 2\,ac\,\cos B,$$
$$a^2 + c^2 = a^2 + c^2 + 2\,b^2 - 2\,bc\,\cos A - 2\,ab\,\cos C,$$
$$b^2 + c^2 = b^2 + c^2 + 2\,a^2 - 2\,ac\,\cos B - 2\,ab\,\cos C,$$

équations qui peuvent remplacer les précédentes.

Or, si l'on réduit et qu'on supprime respectivement les facteurs $2\,c$, $2\,b$, $2\,a$, ces équations deviennent

$$0 = c - b\,\cos A - a\,\cos B,$$
$$0 = b - c\,\cos A - a\,\cos C,$$
$$0 = a - c\,\cos B - b\,\cos C,$$

résultats dans lesquels les inconnues a, b, c, ne sont plus qu'au même degré.

[On peut trouver facilement ces résultats par la Géométrie. On a évidemment

$$AC \quad \text{ou} \quad b = AD + DC \; (\textit{fig. } 11, \text{ page } 74);$$

mais les deux triangles rectangles ADB, BDC donnent (n° 46)

$$AD = AB \cos A = c \cos A, \quad DC = BC \cos C = a \cos C;$$

donc

$$b = c \cos A + a \cos C, \quad \text{ou} \quad b - c \cos A - a \cos C = 0 :$$

c'est le second des deux résultats ci-dessus.]

Afin de mettre les inconnues en évidence, et de comparer plus aisément ces résultats aux équations du premier degré à *trois* inconnues, nous remplacerons a, b, c, par x, y, z.

On aura, en ordonnant,

$$(2) \quad \begin{cases} \cos B . x + \cos A . y - 1 . z = 0, \\ \cos C . x - 1 . y + \cos A . z = 0, \\ 1 . x - \cos C . y - \cos B . z = 0, \end{cases}$$

équations qui, comparées aux formules

$$ax + by + cz = d,$$
$$a'x + b'y + c'z = d',$$
$$a''x + b''y + c''z = d'',$$

donnent

$$d = 0, \qquad d' = 0, \qquad d'' = 0;$$

puis

$$a = \cos B, \quad b = \cos A, \qquad c = -1;$$
$$a' = \cos C, \quad b' = -1, \qquad c' = \cos A;$$
$$a'' = 1, \qquad b'' = -\cos C, \quad c'' = -\cos B.$$

Or, on a vu (*Alg.* chap. II, n° 78, 10ᵉ *édition*) que, lorsqu'on suppose *nulles* à la fois les quantités d, d', d'', les expressions de

x, y, z sont *nulles* ou de la forme $\dfrac{0}{0}$, suivant que le dénominateur

$$ab'c'' - ac'b'' + ca'b'' - ba'c'' + bc'a'' - cb'a''$$

est différent de o ou égal à o.

Cela posé, je dis que, dans la circonstance où nous nous trouvons, ce dénominateur est *nul*.

En effet, si l'on y substitue à la place de a, b, c, a', b', etc., les valeurs ci-dessus, on trouve qu'il se réduit à

$$\cos^2 B + 2\cos A \cos B \cos C + \cos^2 A + \cos^2 C - 1;$$

mais la relation

$$A + B + C = 180^\circ$$

donne

$$B + C = 180^\circ - A,$$

d'où

$$\cos (B + C) = - \cos A,$$

ou, développant $\cos (B + C)$ par la formule connue,

$$\cos B \cos C - \sin B \sin C = - \cos A,$$

ou bien encore,

$$\cos B \cos C + \cos A = \sin B \sin C.$$

Élevant les deux membres au carré, et remplaçant $\sin^2 B$, $\sin^2 C$, par leurs valeurs $1 - \cos^2 B$, $1 - \cos^2 C$, on obtient

$$\cos^2 B \cos^2 C + 2\cos B \cos C \cos A + \cos^2 A$$
$$= (1 - \cos^2 B)(1 - \cos^2 C);$$

ou, effectuant les calculs et réduisant,

$$\cos^2 A + \cos^2 B + \cos^2 C + 2\cos A \cos B \cos C - 1 = 0.$$

On voit donc que le dénominateur ci-dessus est nul, et que, par conséquent, x, y, z ou a, b, c sont de la forme $\dfrac{0}{0}$. Ainsi la question est *indéterminée*; mais on peut, conformément à ce qui a été dit en Algèbre (n° **78**), déterminer les rapports de ces inconnues en fonction des données A, B, C.

Les équations (2) peuvent se mettre sous la forme

$$\cos B \cdot \frac{x}{z} + \cos A \cdot \frac{y}{z} = 1,$$

$$\cos C \cdot \frac{x}{z} - 1 \cdot \frac{y}{z} = -\cos A,$$

$$1 \cdot \frac{x}{z} - \cos C \cdot \frac{y}{z} = \cos B.$$

Multiplions la seconde de ces équations par $\cos A$, et ajoutons la première à la seconde ainsi multipliée, il vient

$$(\cos B + \cos A \cos C)\, \frac{x}{z} = 1 - \cos^2 A\,;$$

d'où

$$\frac{x}{z} = \frac{1 - \cos^2 A}{\cos B + \cos A \cos C}.$$

Mais on a

$$1 - \cos^2 A = \sin^2 A, \quad \text{et} \quad \cos(A + C) = -\cos B,$$

d'où

$$\cos A \cos C - \sin A \sin C = -\cos B,$$

ou

$$\cos B + \cos A \cos C = \sin A \sin C\,;$$

donc enfin,

$$\frac{x}{z} = \frac{\sin^2 A}{\sin A \sin C} = \frac{\sin A}{\sin C},$$

c'est-à-dire

$$\frac{a}{c} = \frac{\sin A}{\sin C}.$$

On trouverait également

$$\frac{b}{c} = \frac{\sin B}{\sin C}.$$

Nous retombons ainsi sur le principe du n° **51**.

AIRE D'UN TRIANGLE EN FONCTION DES DONNÉES RELATIVES
A CHACUN DES QUATRE CAS DE LA RÉSOLUTION DES
TRIANGLES.

67. 1°. Considérons un triangle quelconque ABC
(*fig.* 11, page 74), et du point B abaissons la perpendiculaire BD.

On a

$$S = \frac{1}{2} AC \times BD = \frac{1}{2} b \times BD;$$

mais le triangle rectangle ABD donne (n° 46)

$$BD = BA.\sin A = c \sin A,$$

donc

$$S = \frac{1}{2} bc \sin A :$$

ce qui prouve que *l'aire d'un triangle est égale à la
moitié du produit de deux des côtés par le sinus de
l'angle compris*.

68. 2°. Supposons actuellement que l'on donne *deux
côtés* a, b, *et l'angle* A *opposé à l'un d'eux*.

On a d'abord (n° 67)

$$S = \frac{1}{2} bc \sin A,$$

mais la relation

$$a^2 = b^2 + c^2 - 2bc \cos A,$$

obtenue n° 52, peut se mettre sous la forme

$$c^2 - 2b \cos A . c = a^2 - b^2,$$

équation qui, résolue par rapport à c, donne

$$c = b \cos A \pm \sqrt{b^2 \cos^2 A + a^2 - b^2} = b \cos A \pm \sqrt{a^2 - b^2 \sin^2 A}.$$

Portant cette valeur dans l'expression de S, on obtient

$$S = \frac{1}{2} b \sin A \left(b \cos A \pm \sqrt{a^2 - b^2 \sin^2 A} \right).$$

Mais cette formule n'est pas, comme les autres, immédiatement calculable par logarithmes; et nous ne nous arrêterons pas à la rendre telle. Toutefois nous remarquerons que l'on a, dans ce cas, *deux* valeurs pour S, parce qu'en effet on a vu (n° 55) qu'il existe, en général, deux triangles qui ont pour données a, b, A (*fig.* 12, page 79).

Pour que ces valeurs soient réelles, il faut que l'on ait

$$a > b \sin A,$$

c'est-à-dire CB, ou CB' $>$ la perpendiculaire CD.

69. Supposons que l'on donne *un côté* c *et les deux angles adjacents* A, B (*fig.* 13, page 83).

On a d'abord

$$S = \frac{1}{2} c . CD;$$

et il s'agit de calculer la hauteur CD en fonction de c et des angles A, B. Or le triangle rectangle CAD donne

$$CD = b \sin A.$$

D'un autre côté, de la proportion $\dfrac{b}{c} = \dfrac{\sin B}{\sin C}$, ou déduit

$$b = \frac{c \sin B}{\sin C} = \frac{c \sin B}{\sin (A + B)},$$

à cause de

$$C = 180° - (A + B);$$

d'où

$$\sin C = \sin (A + B).$$

Donc

$$CD = \frac{c \sin A \sin B}{\sin (A + B)},$$

et, par conséquent,

$$S = \frac{1}{2} c^2 \cdot \frac{\sin A \sin B}{\sin (A + B)},$$

expression calculable par logarithmes.

N. B. — Nous remarquerons ici que le résultat

$$CD = \frac{c \sin A \sin B}{\sin (A + B)},$$

qu'on vient d'obtenir, donne le moyen de résoudre la question (n° 1) qui a servi d'introduction à la Trigonométrie, et qui avait pour objet de *calculer la hauteur d'un triangle, connaissant la base* AB *et les deux angles adjacents.*

70. Supposons, enfin, que l'on donne les trois côtés a, b, c.

Dans la formule

$$S = \frac{1}{2} bc \sin A = bc \sin \frac{1}{2} A \cos \frac{1}{2} A,$$

remplaçons $\sin \frac{1}{2} A$ et $\cos \frac{1}{2} A$ par leurs valeurs en fonction des côtés (n° 62). On trouve, toute réduction faite,

$$S = \sqrt{p (p - a) (p - b) (p - c)}.$$

71. *N. B.* — Si l'on égale entre elles la valeur précédente de S et celle qu'on a obtenue au n° 67, on en déduit

$$\frac{1}{2} bc \sin A = \sqrt{p (p - a) (p - b) (p - c)};$$

d'où

$$\sin A = \frac{2}{bc} \sqrt{p (p - a) (p - b) (p - c)}.$$

Cette formule donne le moyen de calculer chacun des angles d'un triangle par son sinus quand on connaît les trois côtés ; mais elle n'est pas, à beaucoup près, aussi simple que celles qui déterminent $\sin \frac{1}{2} A$, $\cos \frac{1}{2} A$, $\tan g \frac{1}{2} A$, puisqu'elle entraîne la recherche de *sept* logarithmes au lieu de *quatre* pour chacun des trois angles.

Au reste, on parvient encore à cette formule, soit en partant de la relation $\sin 2A = 2\sin \frac{1}{2} A \cos \frac{1}{2} A$, et substituant pour $\sin \frac{1}{2} A$, $\cos \frac{1}{2} A$, leurs valeurs obtenues n°s 60 et 62, soit au moyen de la relation $\sin A = \sqrt{1 - \cos^2 A}$, en y remplaçant $\cos A$ par sa valeur $\dfrac{b^2 + c^2 - a^2}{2\,bc}$.

[Nous engageons les élèves à faire ce dernier calcul.]

APPLICATIONS DE LA TRIGONOMÉTRIE AU LEVÉ DES PLANS.

72. Premier exemple. — *On demande la hauteur d'une tour* AB, *du pied de laquelle on peut approcher.*

On commence par mesurer sur le terrain, supposé de niveau ou perpendiculaire à AB (*fig.* 14), *une base* AD

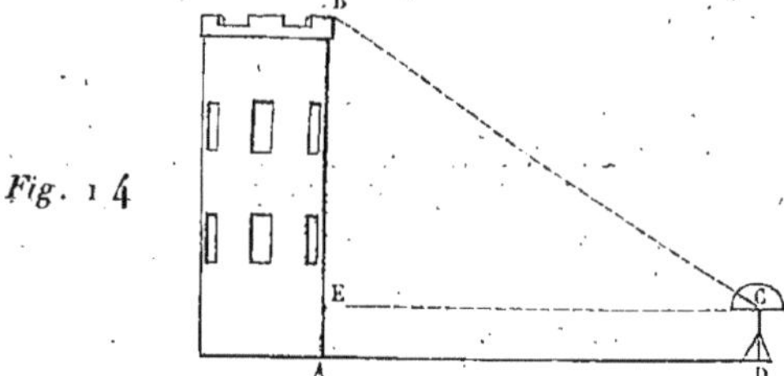

qui ne soit ni trop grande ni trop petite par rapport à la hauteur cherchée; puis au point D, à l'aide d'un instrument (un graphomètre par exemple), on mesure l'angle

ECB que forme avec l'horizontale EC le rayon visuel dirigé du point C au sommet de la tour.

On connaît ainsi dans le triangle rectangle BEC, *l'un des côtés de l'angle droit EC*, et *l'un des angles aigus* ECB; ainsi (n° 48) on peut déterminer BE d'après la formule

$$\log BE = \log EC + \log \tang ECB - 10.$$

Connaissant BE, il faut, pour avoir la véritable hauteur de l'édifice, ajouter à BE la hauteur CD de l'intrument.

SECOND EXEMPLE. — *Déterminer la distance AB d'un point A où l'on est placé à un objet B visible, mais inaccessible, parce que les deux points sont séparés par une rivière.*

On mesure d'abord sur le terrain *une base* AC (*fig.* 15)

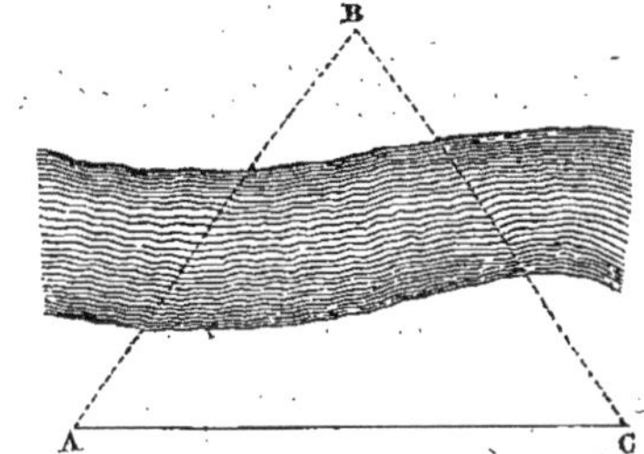

Fig. 15.

telle, qu'en dirigeant de ses deux extrémités des rayons visuels AB et CB les angles BAC, ACB ne diffèrent pas trop de 45 degrés. Après avoir mesuré ces angles, on résout le triangle ABC, dans lequel on connaît *un côté et deux angles,* et l'on a

$$\log AB = \log AC + \log \sin ACB - \log \sin ABC.$$

Remarque. — Si, dans le premier exemple, on supposait que le pied de l'édifice fût visible, mais *inaccessible,* on déterminerait AD ou EC (*fig.* 14, page 106), comme dans le second exemple; et la question serait ramenée au cas où le pied est *accessible*.

TROISIÈME EXEMPLE. — *On demande la distance* CD *de deux objets visibles, mais inaccessibles*, comme étant séparés par une rivière, du lieu où l'on est placé.

Après avoir mesuré *une base* AB (*fig.* 16) qui ne soit

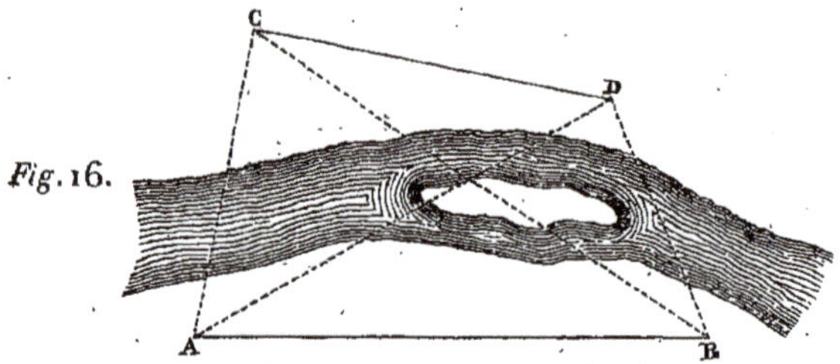

Fig. 16.

ni trop grande ni trop petite par rapport à CD, on dirige, à l'aide d'un instrument, des rayons visuels AC, AD, et BC, BD; puis on mesure les angles CAB, DAB, et DBA, CBA.

On calculera alors, comme dans l'exemple précédent, le côté AC du triangle ABC, et le côté AD du triangle ABD, puisque l'on connaît, dans chacun de ces triangles, un côté AB et les angles adjacents.

On a d'ailleurs

$$CAD = CAB - DAB;$$

ainsi, dans le triangle CAD, on connaîtra les deux côtés CA, AD, et l'angle compris CAD; dès lors on pourra calculer le troisième côté CD, d'après l'une des deux méthodes relatives au troisième cas d'un triangle quelconque.

Nous ne nous arrêterons pas à des applications particulières de ces questions, parce que les exemples que nous avons donnés précédemment suffisent pour mettre au fait de ces sortes de calculs; mais nous terminerons par une question assez importante, qui nous fournira une nouvelle occasion d'appliquer quelques-unes des formules trigonométriques.

73. Quatrième exemple. — *Trois points* A, B, C *(fig. 17) étant donnés sur la carte d'un pays, on pro-*

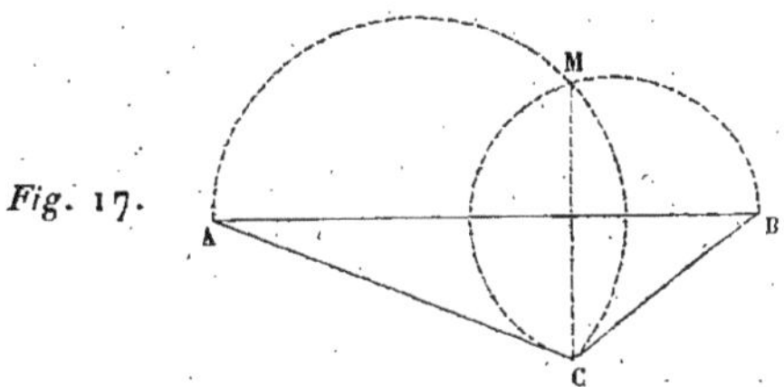

Fig. 17.

pose de déterminer la position d'un quatrième point M, *d'où l'on aurait mesuré les angles* AMC, CMB. (Les quatre points sont supposés sur un même plan.)

On peut d'abord donner de ce problème une solution purement géométrique.

Décrivez sur AC *un segment de cercle capable de l'angle donné* AMC, *et sur* CB *un second segment capable de l'angle donné* CMB.

Comme il n'y a que les points du premier pour lesquels les rayons visuels menés aux deux points A et C puissent former entre eux le premier angle donné, et que la même chose a lieu pour le second segment, il s'ensuit que le point cherché se trouvera à l'intersection de ces deux segments.

Mais on demande la solution par le calcul.

Appelons a, b, c les trois côtés du triangle ABC, et posons

$$AMC = \alpha, \quad CMB = \beta.$$

1°. Puisque les trois points A, B, C sont donnés de position, on connaît les grandeurs de a, b, c; dès lors on peut obtenir par l'une des formules relatives au quatrième cas de la résolution des triangles, la valeur de l'angle ACB que nous désignerons par C.

2°. On connaît, par hypothèse, les angles AMC $= \alpha$, CMB $= \beta$, et, par conséquent, leur somme AMB, ou $\alpha + \beta$. Mais dans le quadrilatère AMBC la somme des angles est égale à 360 degrés; donc

$$MAC + MBC = 360° - (C + \alpha + \beta),$$

d'où

$$\frac{MAC + MBC}{2} = 180° - \frac{C + \alpha + \beta}{2} :$$

ainsi la *demi-somme* des angles MAC, MBC est connue.

3°. Pour avoir leur différence, désignons MAC par x et MBC par y; les deux triangles AMC, CMB, donnent (n° 51)

$$MC = \frac{b \sin x}{\sin \alpha}, \quad MC = \frac{a \sin y}{\sin \beta}.$$

Donc

$$\frac{\sin x}{\sin y} = \frac{a \sin \alpha}{b \sin \beta} = \frac{a}{b'},$$

en posant et calculant $b' = \frac{b \sin \beta}{\sin \alpha}$.

De cette équation, qui renferme deux inconnues, on déduit

$$\frac{\sin x + \sin y}{\sin x - \sin y} = \frac{a + b'}{a - b'}.$$

Mais on a (n° 33)

$$\frac{\sin x + \sin y}{\sin x - \sin y} = \frac{\tang \frac{1}{2}(x + y)}{\tang \frac{1}{2}(x - y)};$$

donc

$$\frac{a + b'}{a - b'} = \frac{\tang \frac{1}{2}(x + y)}{\tang \frac{1}{2}(x - y)}.$$

Cette formule fera connaître $\tang \frac{1}{2}(x - y)$, dès qu'on aura obtenu la valeur de b' par la relation $b' = \dfrac{b \sin \beta}{\sin \alpha}$, qui donne

$$\log b' = \log b + \log \sin \beta - \log \sin \alpha.$$

Soient maintenant

$$\frac{1}{2}(x + y) = 180° - \frac{C + \alpha + \beta}{2} = m,$$

$$\frac{1}{2}(x - y) = n;$$

il en résulte

$$x = m + n \quad \text{et} \quad y = m - n.$$

4°. Connaissant les deux angles MAC, MBC, on pourra calculer les lignes AM, CM, BM, puisque dans chacun des triangles AMC, CMB, on connaît *un côté et deux angles*.

74. Scolie général. — Dans la résolution des problèmes de Géométrie par le secours de l'Algèbre, on doit, en général, préférer le calcul numérique des résultats aux constructions géométriques, dont le plus ou le moins d'exactitude dépend du degré de perfection des instruments et de l'adresse de celui qui opère, tandis que l'exactitude du calcul n'a d'autres bornes que celles qu'on veut lui assigner. Cependant les Tables trigonométriques employées d'après les seuls principes qui ont été précédemment exposés, ne donnent pas toujours le degré d'exactitude qu'on désire obtenir; mais il existe des moyens d'augmenter cette précision, qui se trouvent développés dans toutes les Tables dont on se sert ordinairement.

*CHAPITRE III.

TRIGONOMÉTRIE SPHÉRIQUE.

75. Les seules propositions sur les triangles sphériques, que nous admettrons comme déjà démontrées, sont les suivantes :

Dans tout triangle sphérique formé par trois arcs de grand cercle,

1°. *Un côté quelconque est moindre que la somme des deux autres;*

2°. *Le plus grand côté est opposé au plus grand angle, et réciproquement;*

3°. *La somme des trois côtés est moindre que la circonférence entière* (ou 360 degrés);

4°. *La somme des trois angles est plus grande que* DEUX *angles droits et moindre que* SIX (*).

Ces propositions suffisent pour l'objet que nous nous proposons, et qui consiste uniquement dans la *résolution des triangles*; c'est-à-dire dans la détermination, par le calcul, de *trois* de six éléments qui constituent un triangle (les côtés et les angles), quand on connaît les trois autres. La marche que nous suivrons d'ailleurs dans l'exposition des principes relatifs à cette résolution sera la même que pour les triangles rectilignes, c'est-à-dire que nous traiterons successivement des triangles sphériques *rectangles*, puis des triangles sphériques *obliquangles*.

(*) Voir, pour les démonstrations de ces propositions, les Traités de Géométrie connus.

DES TRIANGLES SPHÉRIQUES RECTANGLES.

76. *Observation préliminaire.* — Quoique dans un triangle sphérique il puisse arriver que les trois angles A, B, C soient *droits à la fois* (ce qui aurait lieu si les plans qui déterminent les trois arcs de grand cercle étaient perpendiculaires entre eux), il est inutile de considérer le cas où le triangle renferme *deux* ou *trois* angles droits.

Car supposons, par exemple, que les deux angles A et B (*fig.* 18) soient droits, les deux plans AOC, AOB, sont perpendiculaires entre eux; et il en est de même des deux plans COB, AOB. Donc les angles rectilignes COA, COB sont droits; c'est-à-dire que les côtés a, b sont chacun de 90 degrés ainsi que les angles A, B; d'ailleurs l'angle sphérique C se mesure par l'angle rectiligne AOB ou par le côté c.

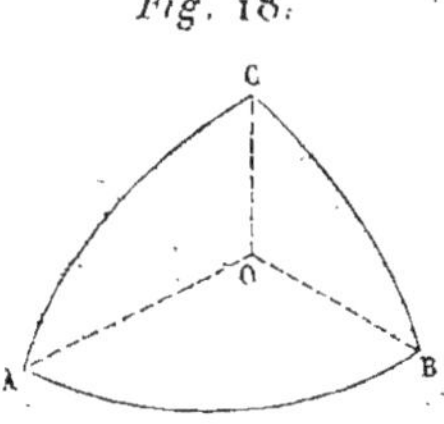

Fig. 18.

Si les trois angles A, B, C sont droits, les rayons OA, OB, OC sont perpendiculaires entre eux; et les côtés a, b, c sont chacun de 90 degrés.

Ainsi, dans l'un et l'autre cas, il n'y a aucune question à résoudre.

77. Soit donc BAC (*fig.* 19) un triangle sphérique rectangle en A. Les deux autres angles B, C sont à la fois plus petits ou plus grands que 90 degrés, ou bien, l'un plus petit, l'autre plus grand que 90 degrés, et on les appelle, pour cette raison, *angles obliques.*

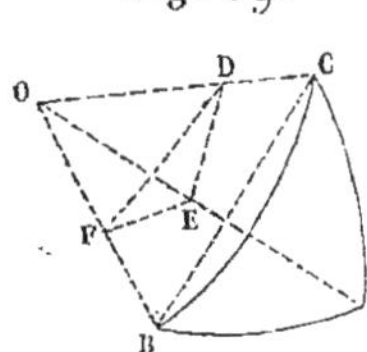

Fig. 19.

Pour être en mesure de résoudre un triangle sphérique

rectangle, il suffit évidemment d'avoir une relation entre *trois* quelconques des *cinq* quantités a, b, c, B, C, ce qui présente *dix* combinaisons dont *six* principales, savoir :

Une relation entre

$$a, \quad b, \quad c \ldots \ldots \quad \text{(cette relation est unique)},$$
$$a, \quad b, \quad \text{B}, \quad \text{ou} \quad a, \quad c, \quad \text{C},$$
$$a, \quad c, \quad \text{B}, \quad \text{ou} \quad a, \quad b, \quad \text{C},$$
$$b, \quad c, \quad \text{B}, \quad \text{ou} \quad b, \quad c. \quad \text{C},$$
$$a, \quad \text{B}, \quad \text{C} \ldots \ldots \quad \text{(cette relation est unique)},$$
$$b, \quad \text{B}, \quad \text{C}, \quad \text{ou} \quad c, \quad \text{B}, \quad \text{C}.$$

Déterminons successivement ces relations.

Construction. — Prenons sur OC (*fig.* 19, page 113) une distance OD égale à l'unité de longueur. Menons DE perpendiculaire sur OA, puis EF perpendiculaire sur OB, et tirons DF qui est nécessairement perpendiculaire sur OB.

Il résulte de cette construction :

$$\text{DE} = \sin \text{AC} = \sin b,$$
$$\text{OE} = \cos \text{AC} = \cos b,$$
$$\text{DF} = \sin \text{CB} = \sin a,$$
$$\text{OF} = \cos \text{CB} = \cos a,$$
$$\text{angle DFE} = \text{B},$$
$$\text{EF} = \text{OE}.\sin \text{FOE} = \cos b \sin c,$$

ou bien

$$\text{EF} = \text{OF}.\tang \text{FOE} = \cos a \, \tang c.$$

Cela posé, on a évidemment, d'après la figure,
1°. Pour a, b, c,

$$\text{EF} = \text{OE}.\cos \text{BOA};$$

d'où

$$(1) \qquad\qquad \cos a = \cos b \cos c.$$

2°. Pour a, b, B, ou a, c, C,

$$DE = DF . \sin DFE ;$$

d'où

$$(2) \qquad \sin b = \sin a \sin B,$$

et, par suite,

$$(3) \qquad \sin c = \sin a \sin C.$$

3°. Pour a, c, B, ou a, b, C,

$$EF = DF . \cos DFE \quad \text{ou} \quad \cos a \, \tang c = \sin a \cos B ;$$

d'où

$$(4) \qquad \tang c = \tang a \cos B,$$

et, par suite,

$$(5) \qquad \tang b = \tang a \cos C.$$

4°. Pour b, c, B, ou b, c, C,

$$DE = EF . \tang DFE, \quad \text{ou} \quad \sin b = \cos b \sin c \, \tang B ;$$

d'où

$$(6) \qquad \tang b = \sin c \, \tang B,$$

et, par suite,

$$(7) \qquad \tang c = \sin b \, \tang C.$$

5°. Pour b, B, C, ou c, B, C, divisons la relation (2) par la relation (5); il vient

$$\frac{\sin b}{\tang b} = \frac{\sin a}{\tang a} \cdot \frac{\sin B}{\cos C},$$

ou

$$\cos b = \cos a \, \frac{\sin B}{\cos C} = \cos b \cos c \, \frac{\sin B}{\cos C} ;$$

d'où

$$(8) \qquad \cos C = \cos c \sin B,$$

et, par suite,

$$(9) \qquad \cos B = \cos b \sin C.$$

8.

6°. Pour a, B, C, multiplions la relation (8) par la relation (9) ; il vient

$$\cos B \cos C = \cos b \cos c \sin B \sin C,$$

ou

$$\cot B \cot C = \cos a \, ;$$

d'où

(10) $$\cos a = \cot B \cot C.$$

$N.B.$ — Il est à remarquer que les relations (2), (3) et (4) sont analogues aux trois principes établis n°s 46 et 47, et qu'elles ont été déduites de ces principes eux-mêmes.

Discussion.

78. Les relations précédentes donnent lieu à deux remarques fort importantes pour la résolution des triangles sphériques rectangles.

PREMIÈREMENT. — Comme un sinus est essentiellement *positif* pour tous les angles compris entre o et 180 degrés, il résulte de la relation (6) $\tan g\, b = \sin c \, \tan g B$, que $\tan g\, b$ est de même signe que $\tan g B$; ce qui prouve que b est de même espèce que B. Donc *dans tout triangle sphérique rectangle, les côtés de l'angle droit sont de même espèce que les angles qui leur sont opposés.*

SECONDEMENT. — La relation (1), ou $\cos a = \cos b \cos c$, nous apprend que $\cos a$ est *positif ou négatif* suivant que $\cos b$ et $\cos c$ sont de même signe ou de signes contraires ; c'est-à-dire que a est $<$ ou $> 90°$ selon que b et c sont de même espèce ou d'espèce différente. En d'autres termes, *dans tout triangle sphérique rectangle, l'hypoténuse est moindre que 90 degrés toutes les fois que les deux côtés de l'angle droit sont en même temps plus grands ou plus petits que 90 degrés, et plus grande que 90 degrés quand les deux côtés de l'angle droit sont, l'un plus petit, l'autre plus grand que* 90 *degrés.*

La relation (10), ou $\cos a = \cot B \cot C$, donne lieu à une conséquence analogue par rapport à l'hypoténuse et aux deux angles obliques : ce qui est d'ailleurs conforme à la première remarque.

79. Cela posé, la résolution des triangles rectangles offre six cas distincts qu'on peut résumer ainsi qu'il suit :

1°. *Étant donnés* l'hypoténuse a et un côté de l'angle droit b ou c, *trouver* les deux angles obliques B, C, et le second côté c ou b ;

2°. *Étant donnés* les deux côtés de l'angle droit b, c, *trouver* l'hypoténuse a et les deux angles obliques B, C ;

3°. *Étant donnés* l'hypoténuse a et un angle oblique B ou C, *trouver* les deux côtés b, c, et le second angle C ou B ;

4°. *Étant donnés* un côté b ou c et l'angle opposé B ou C, *trouver* le second côté c ou b, l'hypoténuse a, et le second angle C ou B ;

5°. *Étant donnés* un côté de l'angle droit b ou c et l'angle adjacent C ou B, *trouver* le côté c ou b, l'hypoténuse a, et le second angle B ou C ;

6°. *Étant donnés* les deux angles obliques B, C, *trouver* l'hypoténuse a et les deux côtés b, c.

Chacune des quantités inconnues, dans ces différents cas, peut se calculer aisément par logarithmes à l'aide de l'une des relations précédemment établies, comme l'indique le tableau suivant :

TABLEAU

Des formules relatives à la résolution des triangles sphériques.

Triangles rectangles.

DONNÉES.	INCONNUES.
1er CAS. a, b,	$\log \cos c = \log \cos a + \text{comp.} \log \cos b,$ $\log \cos C = \log \tan g\, b + \text{comp.} \log \tan g\, a,$ $\log \sin B = \log \sin b + \text{comp.} \log \sin a.$
2e CAS. a, B,	$\log \sin b = \log \sin a + \log \sin B - 10,$ $\log \tan g\, c = \log \tan g\, a + \log \cos B - 10,$ $\log \cot C = \log \cos a + \text{comp.} \log \cot B.$
3e CAS. B, b,	$\log \sin a = \log \sin b + \text{comp.} \log \sin B,$ $\log \sin c = \log \tan g\, b + \text{comp.} \log \tan g\, B,$ $\log \sin C = \log \cos B + \text{comp.} \log \cos b.$
4e CAS. C, b,	$\log \tan g\, a = \log \tan g\, b + \text{comp.} \log \cos C,$ $\log \tan g\, c = \log \sin b + \log \tan g\, C - 10,$ $\log \cos B = \log \sin C + \log \sin b - 10.$
5e CAS. b, c,	$\log \cos a = \log \cos b + \log \cos c - 10,$ $\log \tan g\, B = \log \tan g\, b + \text{comp.} \log \sin c,$ $\log \tan g\, C = \log \tan g\, c + \text{comp.} \log \sin b.$
6e CAS. B, C,	$\log \cos a = \log \cot B + \log \cot C - 10,$ $\log \cos b = \log \cos B + \text{comp.} \log \sin C,$ $\log \cos c = \log \cos C + \text{comp.} \log \sin B.$

Mais, pour les applications, il est nécessaire d'ajouter quelques considérations.

80. Tant qu'une des quantités inconnues sera déterminée par un cosinus, une tangente, ou une cotangente, il n'y aura pas d'incertitude sur l'espèce de cette quantité, puisqu'on sait qu'un angle est $<$ ou $>$ 90° suivant

que chacune de ces lignes trigonométriques est *positive* ou *négative*.

D'après cela, le deuxième, le cinquième et le sixième cas ne donnent lieu à aucune ambiguïté, c'est-à-dire que la question n'est susceptible que *d'une seule* solution; car chacune des quantités inconnues s'obtient, soit par un cosinus, soit par une tangente, soit par une cotangente.

Dans le premier cas, celui où connaissant a, b, on demande c, B, C, comme B s'obtient par la relation

$$\sin B = \frac{\sin b}{\sin a},$$

il semble qu'on puisse prendre pour la valeur de B, soit l'angle aigu de la Table, soit son supplément. Mais si l'on se rappelle (n° 78) que B doit être de même espèce que b, il faudra nécessairement prendre pour B l'angle aigu ou son supplément, suivant que b sera $<$ ou $>$ que 90°. Les deux autres quantités inconnues étant d'ailleurs déterminées par les formules

$$\cos c = \frac{\cos a}{\cos b}, \quad \cos C = \frac{\tang b}{\tang a},$$

ne présentent aucune ambiguïté.

Même raisonnement pour le troisième cas où, connaissant a, B, on demande b, c, C.

Quant au quatrième cas, celui où, connaissant le côté b et l'angle opposé B, il s'agit d'obtenir a, c, C, ces trois quantités étant données par les relations

$$\sin a = \frac{\sin b}{\sin B}, \quad \sin c = \frac{\tang b}{\tang B}, \quad \sin C = \frac{\cos B}{\cos b},$$

on peut prendre pour chacune des quantités inconnues, soit l'angle aigu de la Table, soit son supplément. Ainsi la question offre *deux* solutions distinctes. En d'autres termes, il existe *deux* triangles qui satisfont aux données de la question. Et en effet, soit un triangle sphérique BAC

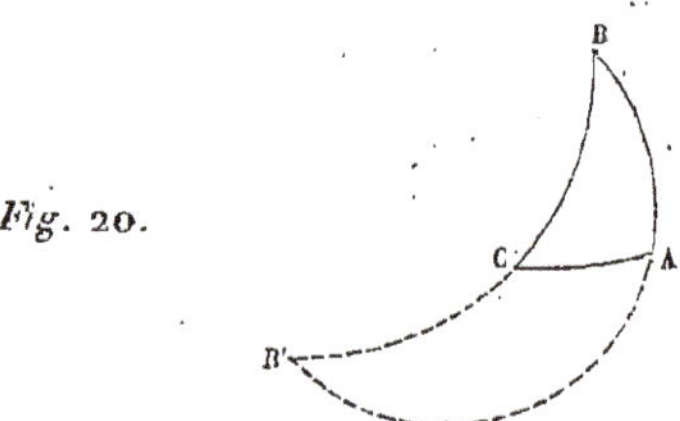

Fig. 20.

(*fig.* 20) rectangle en A; si l'on prolonge BC, BA, jusqu'à leur rencontre en B', on obtient deux triangles BAC, B'AC, ayant le côté commun AC ou b, et l'angle B égal à l'angle B'; ces triangles sont d'ailleurs tels, que l'on a

$$B'C = 180° - BC, \quad B'A = 180° - BA, \quad B'CA = 180° - BCA.$$

En récapitulant ce qui vient d'être dit, on peut conclure que le cas où l'on donne *un côté de l'angle droit et l'angle oblique opposé*, est le seul des six cas qui offre *deux* solutions. On l'appelle, pour cette raison, *cas douteux*; mais il peut arriver que quelque circonstance particulière détermine l'espèce d'une des quantités inconnues; et alors *il n'y a plus qu'une solution.*

81. Une autre difficulté se présente encore dans les applications : c'est lorsque les données sont plus grandes que 90 degrés. Alors les cosinus, tangentes, cotangentes de ces données sont négatives; et il semble qu'on doive être conduit à faire usage dans le calcul des *logarithmes de nombres négatifs.*

Supposons, par exemple, qu'il s'agisse, *étant donnés* b, c, *de déterminer* a, B, C.

Les formules nécessaires à cette détermination sont

$$\cos a = \cos b \cos c, \quad \tang B = \frac{\tang b}{\sin c}, \quad \tang C = \frac{\tang c}{\sin b}.$$

Soient maintenant $b > 90°$ et $c < 90°$; dans ce cas, $\cos a$, $\tang B$ sont négatifs, et $\tang C$ est positif. Mais si l'on appelle b' le supplément de b, et a', b' ceux de a, B, les relations ci-dessus se changent en celles-ci,

$$\cos a' = \cos b' \cos c, \quad \tang B' = \frac{\tang b'}{\sin c}, \quad \tang C = \frac{\tang c}{\sin b'}.$$

dans lesquelles toutes les lignes trigonométriques sont positives. Ces nouvelles relations détermineront a', B', C; d'où, en prenant les suppléments pour a', B', on déduira ensuite a, B.

82. Nous ajouterons, pour dernière considération, que lorsqu'une des quantités inconnues est déterminée par le logarithme de son sinus ou de son cosinus, et qu'on obtient pour ce logarithme un nombre *plus grand* que 10, c'est un indice certain que le triangle est impossible, et qu'il existe quelque contradiction dans les données; ce qui peut fort bien arriver.

Voici deux exemples, l'un du troisième cas, l'autre du quatrième.

TROISIÈME CAS.

Soient $a = 115° 17' 20"$, $B = 98° 28' 30"$; *on demande* b, c, C.

Les relations à employer sont

$$\sin b = \sin a \sin B \mid \tang c = \tang a \cos B \mid \cot C = \frac{\cos a}{\cot B},$$

ou plutôt (n° **81**), comme on a a et $B > 90°$,

$$\sin b' = \sin a' \sin B' \mid \tang c' = \tang a' \cos B \mid \cot C' = \frac{\cos a'}{\cot B'},$$

$$(a' = 180° - a = 64° 42' 40", \quad B' = 180° - B = 81° 31' 30");$$

$1^{o}.$

$$\log \sin a' = \quad 9,9562479$$
$$\log \sin B' = \quad 9,9952315$$
$$\log \sin b' = \quad 9,9514794$$

d'où $\qquad b' = \quad 63^{o}\,25'\ 3''$

et $\qquad b = \quad 116^{o}\,34'\,57''$

$2^{o}.$

$$\log \tan a' = \quad 10,3256344$$
$$\log \cos B' = \quad 9,1684322$$
$$\log \tan c' = \quad 9,4940666$$

d'où $\qquad c' = \quad 17^{o}\,19'\,29''$

et $\qquad c = \quad 162^{o}\,40'\,31''$

$3^{o}.$

$$\log \cos a' = \quad 9,6306135$$
$$\text{compl } \cot B' = \quad 10,8267993$$
$$\log \cot C' = \quad 10,4574128$$

d'où $\qquad C' = \quad 19^{o}\,13'\,45''$

et $\qquad C = \quad 160^{o}\,46'\,15''$

Vérification.

$$\cos a' = \cos b' \cos c'$$
$$\log \cos b' = \quad 9,6507794$$
$$\log \cos c' = \quad 9,9798361$$
$$\log \cos a' = \quad 9,6306155$$

d'où $\qquad a' = \quad 64^{o}\,42'\,40''$

et $\qquad a = \quad 115^{o}\,17'\,20''$

QUATRIÈME CAS.

Soient donnés $b = 56^{o}\,37'\,40''$, $B = 84^{o}\,19'\,50''$; on demande a, c, C.

Les formules à employer sont :

$$\sin a = \frac{\sin b}{\sin B}, \quad \sin c = \frac{\tan b}{\tan B}, \quad \sin C = \frac{\cos B}{\cos b};$$

1°.

$$\log \sin b = \quad 9,9217461$$
$$\text{comp. } \log \sin B = \quad 0,0020061$$
$$\overline{\log \sin a = \quad 9,9237522}$$

$$a = 57° 1' 58'' \text{ ou } 122° 58' 2''$$

2°.

$$\log \operatorname{tang} b = \quad 10,1813235$$
$$\text{comp. } \log \operatorname{tang} B = \quad 8,9837975$$
$$\overline{\log \sin c = \quad 9,1651210}$$

$$c = 8° 24' 36'' \text{ ou } 171° 35' 24''$$

3°.

$$\log \cos B = \quad 8,9817915$$
$$\text{comp. } \log \cos b = \quad 0,2595774$$
$$\overline{\log \sin C = \quad 9,2413689}$$

$$C = 10° 2' 22'' \text{ ou } 169° 57' 38''$$

Vérification.

$$\cos a = \cos b \cos c$$
$$\log \cos b = \quad 9,7404226$$
$$\log \cos c = \quad 9,9953046$$
$$\overline{\log \cos a = \quad 9,7357272}$$

$$a = 57° 1' 58'' \text{ ou } 122° 58' 2''$$

La question offre donc deux solutions, savoir :

$$a = 57° 1' 58'', \quad b = 56° 37' 40'', \quad c = \quad 8° 24' 36'',$$

et

$$A = 90°, \quad\quad B = 84° 29' 50'', \quad C = 10° 2' 22'',$$

ou bien

$$a = 122° 58' 2'', \quad b = 56° 37' 40'', \quad c = 171° 35' 24'',$$

et

$$A = 90°, \quad\quad B = 84° 29' 50'', \quad C = 169° 57' 38''.$$

Des triangles sphériques quelconques.

83. *Observations préliminaires.* — La question générale qui a pour objet, connaissant *trois* des six éléments A, B, C, a, b, c du triangle ABC, de déterminer les trois autres, exige, pour sa résolution, qu'on ait une relation entre *quatre* quelconques de ces six éléments ; ce qui donne lieu à *quinze* relations différentes, comprises dans *quatre* classes.

Savoir : 1°. Une relation entre

$$a,\ b,\ c,\ A,\quad \text{ou}\quad a,\ b,\ c,\ B,\quad \text{ou}\quad a,\ b,\ c,\ C;$$

2°. Une relation entre

$$a,\ b,\ A,\ B,\quad \text{ou}\quad a,\ c,\ A,\ C,\quad \text{ou}\quad b,\ c,\ B,\ C;$$

3°. Une relation entre

$$a,\ b,\ A,\ C,$$

ou

$$a,\ b,\ B,\ C,\quad a,\ c,\ A,\ B,\quad b,\ c,\ A,\ B,\quad a,\ c,\ B,\ C,\quad b,\ c,\ A,\ C;$$

4°. Une relation entre

$$a,\ A,\ B,\ C,\quad \text{ou}\quad b,\ A,\ B,\ C,\quad \text{ou}\quad c,\ A,\ B,\ C.$$

Ces quinze relations sont en effet consignées dans tous les Traités de Trigonométrie et on les trouvera dans celui-ci (*). Mais peu d'entre elles se prêtent immédiatement au calcul par logarithmes ; d'autres ont été transformées en des formules logarithmiques ; le plus grand nombre exige l'introduction d'angles auxiliaires, pour que le calcul par

---

(*) *Voir*, pour les relations 1°, 2° et 4°, les n°s **84**, **85** et **86**, et pour les relations 3°, le n° **98** de l'*Appendice*.

logarithmes puisse s'appliquer (*). On a en partie levé
les difficultés en opérant la *décomposition* du triangle
sphérique en deux triangles rectangles; ce qui a donné
lieu à de nouvelles relations plus ou moins remarquables.
Mais l'emploi de ces relations entraîne dans des discussions qui jettent souvent beaucoup d'obscurité sur la
résolution complète d'un triangle d'après certaines données.

Nous avons donc cherché à éviter ces difficultés et à
présenter des formules commodes pour tous les cas, et
qui, surtout, se prêtassent à une discussion facile. *Deux*
formules seulement, et la considération du triangle sphé-
rite *supplémentaire*, nous ont conduit à une solution
complète du problème général, solution dégagée d'ailleurs de toute difficulté sous le rapport de la discussion.

84. *La première* est une relation entre les trois côtés
a, b, c, et l'un quelconque des trois angles, A par exemple.
Soit ABC (*fig.* 21) un triangle sphérique obliquangle.

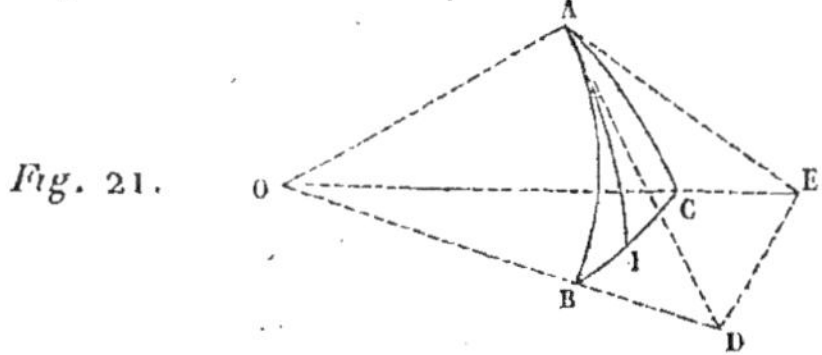

Fig. 21.

Tirons les rayons OA, OB, OC; au point A menons les
tangentes AD, AE, aux côtés AB, AC; et prolongeons-
les jusqu'à leur rencontre en D, E avec OD, OE; puis
tirons DE.

(*) Le n° **100** de l'*Appendice* indique comment on doit s'y prendre
quand on veut tirer parti d'une formule qui n'est pas immédiatement
calculable par logarithmes.

Supposons d'ailleurs le rayon de la sphère égal à 1.

On a, d'après les principes de la Trigonométrie recti-ligne,

1°. Pour le triangle ODE,

$$\overline{DE}^2 = \overline{OD}^2 + \overline{OE}^2 - 2\,OD\,.OE\,.\cos a\,;$$

2°. Pour le triangle ADE,

$$\overline{DE}^2 = \overline{AD}^2 + \overline{AE}^2 - 2\,AD\,.AE\,.\cos A\,;$$

d'où, retranchant la deuxième égalité de la première,

$$0 = 2\,\overline{OA}^2 - 2\,OD\,.OE\,.\cos a + 2\,AD\,.AE\,.\cos A.$$

Mais

$$OA = 1, \quad OD = \sec c = \frac{1}{\cos c}, \quad OE = \sec b = \frac{1}{\cos b},$$
$$AD = \tang c, \quad AE = \tang b\,;$$

ainsi l'égalité précédente devient, par la substitution de ces valeurs,

$$0 = 1 - \frac{1}{\cos b \cos c}\cos a + \tang b\,\tang c\,\cos A,$$

ou, chassant le dénominateur et se rappelant (n° 5) que

$$\tang b\,\cos b = \sin b, \quad \tang c\,\cos c = \sin c,$$
$$\cos a = \cos b\,\cos c + \sin b\,\sin c\,\cos A\,;$$

on trouverait de la même manière les deux relations

$$\cos b = \cos a\,\cos c + \sin a\,\sin c\,\cos B,$$
$$\cos c = \cos a\,\cos b + \sin a\,\sin b\,\cos C.$$

85. Pour obtenir *la seconde* formule, abaissons du point A (*fig.* 21, page 125), l'arc de cercle AI perpendiculaire sur BC, on obtient ainsi deux triangles rectangles

AIB, AIC qui, en vertu du second principe (n° 77), relatif aux triangles sphériques rectangles, donne

$$\sin AI = \sin AB . \sin ABI,$$
$$\sin AI = \sin AC . \sin ACI;$$

d'où l'on déduit

$$\frac{\sin AB}{\sin AC} = \frac{\sin ACI}{\sin ABI},$$

ou bien

$$\frac{\sin c}{\sin b} = \frac{\sin C}{\sin B}.$$

On a pareillement

$$\frac{\sin a}{\sin b} = \frac{\sin A}{\sin B}, \quad \frac{\sin a}{\sin c} = \frac{\sin A}{\sin C};$$

donc enfin

$$\frac{\sin A}{\sin a} = \frac{\sin B}{\sin b} = \frac{\sin C}{\sin c}:$$

c'est-à-dire que, *dans tout triangle sphérique les sinus des angles sont entre eux comme les sinus des côtés opposés.*

[Cette relation se déduit aisément de la formule

$$\cos a = \cos b \cos c + \sin b \sin c \cos A,$$

En effet, celle-ci donne

$$\cos A = \frac{\cos a - \cos b \cos c}{\sin b \sin c};$$

d'où

$$\sin a = \sqrt{1 - \frac{(\cos a - \cos b \cos c)^2}{\sin^2 b \sin^2 c}},$$

$$= \sqrt{\frac{\sin^2 b \sin^2 c - \cos^2 a + 2 \cos a \cos b \cos c - \cos^2 b \cos^2 c}{\sin^2 b \sin^2 c}},$$

ou, à cause de

$$\sin^2 b = 1 - \cos^2 b, \quad \sin^2 c = 1 - \cos^2 c,$$

$$\sin A = \frac{\sqrt{1 - \cos^2 a - \cos^2 b - \cos^2 c + 2\cos a \cos b \cos c}}{\sin b \sin c};$$

et, par conséquent,

$$\frac{\sin A}{\sin a} = \frac{\sqrt{1 - \cos^2 a - \cos^2 b - \cos^2 c + 2\cos a \cos b \cos c}}{\sin a \sin b \sin c},$$

expression symétrique en a, b, c; donc

$$\frac{\sin A}{\sin a} = \frac{\sin B}{\sin b} = \frac{\sin C}{\sin c} \Bigg].$$

Nous sommes maintenant en mesure de résoudre le problème général relatif aux triangles sphériques quelconques. Ce problème comprend *six cas* différents, mais susceptibles d'être liés deux à deux à l'aide du triangle supplémentaire.

86. Premier et second cas. — *Connaissant les trois côtés, déterminer chacun des trois angles;* et réciproquement, *connaissant les trois angles, déterminer chacun des trois côtés.*

On a d'abord les trois relations

$$\cos A = \frac{\cos a - \cos b \cos c}{\sin b \sin c}, \quad \cos B = \frac{\cos b - \cos a \cos c}{\sin a \sin c},$$

$$\cos C = \frac{\cos c - \cos a \cos b}{\sin a \sin b},$$

au moyen desquelles on peut déterminer A, B, C.

Mais il faut tâcher d'obtenir d'autres formules plus appropriées au calcul logarithmique.

Or, si l'on se rappelle la formule (n° 30)

$$\operatorname{tang} \tfrac{1}{2} A = \sqrt{\frac{1 - \cos A}{1 + \cos A}},$$

et qu'on y mette pour $\cos A$ la valeur précédente, il vient

$$\tan\tfrac{1}{2}A = \sqrt{\frac{\sin b \sin c - \cos a + \cos b \cos c}{\sin b \sin c + \cos a - \cos b \cos c}}$$

$$= \sqrt{\frac{\cos(b - c) - \cos a}{\cos a - \cos(b + c)}}.$$

Or on a (n° 31)

$$\cos(b - c) - \cos a = 2\sin\tfrac{1}{2}(a + b - c)\sin\tfrac{1}{2}(a + c - b),$$

$$\cos a - \cos(b + c) = 2\sin\tfrac{1}{2}(a + b + c)\sin\tfrac{1}{2}(b + c - a);$$

donc

$$\tan\tfrac{1}{2}A = \sqrt{\frac{\sin\tfrac{1}{2}(a + b - c)\sin\tfrac{1}{2}(a + c - b)}{\sin\tfrac{1}{2}(a + b + c)\sin\tfrac{1}{2}(a + c - a)}},$$

ou posant, comme pour les triangles rectilignes,

$$2p = a + b + c,$$

$$\tan\tfrac{1}{2}A = \sqrt{\frac{\sin(p - b)\sin(p - c)}{\sin p \sin(p - a)}},$$

expression tout à fait appropriée au calcul logarithmique.

On obtiendrait des résultats analogues pour $\tan\tfrac{1}{2}B$ et $\tan\tfrac{1}{2}C$.

Passons au cas réciproque. — Soit $A'B'C'$ le triangle sphérique *supplémentaire de* ABC.

En lui appliquant la première formule trouvée (n° 84), on a

$$\cos a' = \cos b' \cos c' + \sin b' \sin c' \cos A';$$

d'où, à cause de

$$\cos a' = -\cos A, \quad \cos b' = -\cos B, \quad \cos c' = -\cos C,$$
$$\sin b' = \sin B, \quad \sin c' = \sin C, \quad \cos A' = -\cos a;$$
$$\cos A = -\cos B \cos C + \sin B \sin C \cos a.$$

On obtiendrait pareillement

$$\cos B = -\cos A \cos C + \sin A \sin C \cos b,$$
$$\cos C = -\cos A \cos B + \sin A \sin B \cos c;$$

et ces trois relations donnent

$$\cos a = \frac{\cos A + \cos B \cos C}{\sin B \sin C}, \quad \cos b = \frac{\cos B + \cos A \cos C}{\sin A \sin C},$$
$$\cos c = \frac{\cos C + \cos A \cos B}{\sin A \sin B}.$$

Afin d'avoir un résultat propre au calcul logarithmique, substituons à la place de $\cos a$ sa valeur dans la relation

$$\tang \frac{1}{2} a = \sqrt{\frac{1 - \cos a}{1 + \cos a}};$$

il vient

$$\tang \frac{1}{2} a = \sqrt{\frac{\sin B \sin C - \cos A - \cos B \cos C}{\sin B \sin C + \cos A + \cos B \cos C}}$$
$$= \sqrt{\frac{-[\cos A + \cos(B + C)]}{\cos(B - C) + \cos A}},$$

ou bien, à cause de

$$\cos A + \cos(B + C) = 2 \cos \frac{1}{2}(B + C + A) \cos \frac{1}{2}(B + C - A),$$
$$\cos(B - C) + \cos A = 2 \cos \frac{1}{2}(A + B - C) \cos \frac{1}{2}(A + C - B),$$
$$\tang \frac{1}{2} a = \sqrt{\frac{-\cos \frac{1}{2}(A + B + C) \cos \frac{1}{2}(B + C - A)}{\cos \frac{1}{2}(A + B - C) \cos \frac{1}{2}(A + C - B)}};$$

ou posant, pour simplifier,

$$A + B + C = 2P,$$

$$\operatorname{tang} \frac{1}{2} a = \sqrt{\frac{- \cos P \cos (P - A)}{\cos (P - B) \cos (P - C)}}.$$

N. B. — Comme dans tout triangle sphérique on doit avoir $A + B + C > 180°$, d'où $\frac{1}{2}(A + B + C) > 90°$, il s'ensuit que $- \cos \frac{1}{2}(A + B + C)$ ou $- \cos P$ est *positif*. Ainsi le signe — qui est sous le radical n'est, qu'apparent; et tang $\frac{1}{2} A$ sera *réelle* tant que l'on aura $A + B + C > 180°$.

87. Troisième et quatrième cas. — *Étant donnés deux côtés et l'angle compris, trouver les deux autres angles et le troisième côté; réciproquement, étant donnés deux angles et le côté adjacent, trouver les deux autres côtés et le troisième angle.*

Soient donnés d'abord a, b, C; on demande A, B, c. Or les formules

$$\cos A = - \cos B \cos C + \sin B \sin C \cos a$$
$$\cos B = - \cos A \cos C + \sin A \sin C \cos b,$$

donnent

$$\frac{\cos A + \cos B \cos C}{\cos B + \cos A \cos C} = \frac{\sin B}{\sin A} \frac{\cos a}{\cos b} = \frac{\sin b}{\sin a} \frac{\cos a}{\cos b}$$

$\left(\text{à cause de la relation } \dfrac{\sin B}{\sin A} = \dfrac{\sin b}{\sin a}\right),$

d'où, retranchant de l'unité les deux membres, et les ajoutant à l'unité, puis divisant le premier résultat par le deuxième,

$$\frac{(\cos B - \cos A)(1 - \cos C)}{(\cos B + \cos A)(1 + \cos C)} = \frac{\sin a \cos b - \sin b \cos a}{\sin a \cos b + \sin b \cos a}$$

$$= \frac{\sin(a - b)}{\sin(a + b)},$$

égalité qui, d'après les formules connues de la Trigonométrie rectiligne, peut se transformer en celle-ci,

$$\frac{\sin \frac{1}{2}(A - B) \sin \frac{1}{2}(A + B)}{\cos \frac{1}{2}(A - B) \cos \frac{1}{2}(A + B)} \tan^2 \frac{1}{2} C$$

$$= \frac{\sin \frac{1}{2}(a - b) \cos \frac{1}{2}(a - b)}{\sin \frac{1}{2}(a + b) \cos \frac{1}{2}(a + b)},$$

ou

$$(M) \quad \begin{cases} \tan \frac{1}{2}(A - B) \tan \frac{1}{2}(A + B) \tan^2 \frac{1}{2} C \\ = \dfrac{\sin \frac{1}{2}(a - b) \cos \frac{1}{2}(a - b)}{\sin \frac{1}{2}(a + b) \cos \frac{1}{2}(a + b)}. \end{cases}$$

D'un autre côté, on a (n° 33) les relations

$$\frac{\sin A - \sin B}{\sin A + \sin B} = \frac{\tan \frac{1}{2}(A - B)}{\tan \frac{1}{2}(A + B)}$$

et

$$\frac{\sin a - \sin b}{\sin a + \sin b} = \frac{\tan \frac{1}{2}(a - b)}{\tan \frac{1}{2}(a + b)};$$

d'où

$$(N) \quad \frac{\tan \frac{1}{2}(A - B)}{\tan \frac{1}{2}(A + B)} = \frac{\tan \frac{1}{2}(a - b)}{\tan \frac{1}{2}(a + b)}.$$

Multipliant alors membre à membre les égalités (M) et (N), en observant que $\tan p \cos p = \sin p$, on obtient

$$\tan^2 \frac{1}{2}(A - B) \tan^2 \frac{1}{2} C = \frac{\sin^2 \frac{1}{2}(a - b)}{\cos^2 \frac{1}{2}(a - b)};$$

d'où l'on déduit enfin

$$(1) \quad \tan \frac{1}{2}(A - B) = \cot \frac{1}{2} C \cdot \frac{\sin \frac{1}{2}(a - b)}{\sin \frac{1}{2}(a + b)}.$$

Divisons ensuite membre à membre les mêmes égalités ; il vient

$$\tan g^2 \frac{1}{2}(A + B)\ \tan g^2 \frac{1}{2}C = \frac{\cos^2 \frac{1}{2}(a - b)}{\cos^2 \frac{1}{2}(a + b)},$$

et, par suite,

$$(2) \qquad \tan g \frac{1}{2}(A + B) = \cot \frac{1}{2}C\ \frac{\cos \frac{1}{2}(a - b)}{\cos \frac{1}{2}(a + b)}.$$

Au moyen des égalités (1) et (2), on trouvera successivement les valeurs de $\frac{1}{2}(A - B)$, $\frac{1}{2}(A + B)$; d'où, en posant $\frac{1}{2}(A + B) = m$, $\frac{1}{2}(A - B) = n$, on tirera

$$A = m + n, \quad B = m - n.$$

Quant au troisième côté c, on l'obtiendra au moyen de la double formule

$$\sin c = \frac{\sin a \sin C}{\sin A} = \frac{\sin b \sin C}{\sin B};$$

et l'on prendra la moyenne arithmétique entre les deux valeurs trouvées pour c.

L'espèce du côté c est d'ailleurs déterminée par la relation

$$\cos c = \cos a \cos b + \sin a \sin b \cos C;$$

c'est-à-dire que c sera $<$ ou $>$ 90° suivant que $\cos c$ sera *positif* ou *négatif* ; et il ne peut y avoir de difficulté dans la détermination de ce signe que lorsque, d'après les données a, b, C, les deux termes $\cos a \cos b$ et $\sin a \sin b \cos C$ sont *de signes contraires*. Or, dans ce cas seulement, il faut *calculer par logarithmes* chacun de ces deux termes et *voir celui* dont le logarithme est le plus grand, parce que c'est celui-là qui donne son signe à $\cos c$.

Soient *en second lieu* donnés A, B, c ; on demande a, b, C.

En exécutant sur les formules

$$\cos a = \cos b \cos c + \sin b \sin c \cos A,$$
$$\cos b = \cos a \cos c + \sin a \sin c \cos B,$$

les mêmes opérations que dans le cas précédent, on obtient d'abord l'égalité

$$\tan \frac{1}{2}(a - b)\ \tan \frac{1}{2}(a + b)\ \cot^2 \frac{1}{2} c$$
$$= \frac{\sin \frac{1}{2}(A - B)\cos \frac{1}{2}(A - B)}{\sin \frac{1}{2}(A + B)\cos \frac{1}{2}(A + B)},$$

qui, combinée avec celle-ci,

$$\frac{\tan \frac{1}{2}(a - b)}{\tan \frac{1}{2}(a + b)} = \frac{\tan \frac{1}{2}(A - B)}{\tan \frac{1}{2}(A + B)},$$

donne d'abord, par voie de multiplication,

$$\tan^2 \frac{1}{2}(a - b)\ \cot^2 \frac{1}{2} c = \frac{\sin^2 \frac{1}{2}(A - B)}{\sin^2 \frac{1}{2}(A + B)},$$

d'où

$$(3) \qquad \tan \frac{1}{2}(a - b) = \tan \frac{1}{2} c\ \frac{\sin \frac{1}{2}(A - B)}{\sin \frac{1}{2}(A + B)};$$

puis, par voie de division,

$$\tan^2 \frac{1}{2}(a + b)\ \cot^2 \frac{1}{2} c = \frac{\cos^2 \frac{1}{2}(A - B)}{\cos^2 \frac{1}{2}(A + B)},$$

d'où

$$(4) \qquad \tan \frac{1}{2}(a + b) = \tan \frac{1}{2} c\ \frac{\cos \frac{1}{2}(A - B)}{\cos \frac{1}{2}(A + B)}.$$

Après avoir déterminé $\frac{1}{2}(a - b)$, $\frac{1}{2}(a + b)$, et par suite a, b, au moyen des relations (3) et (4), on obtiendra l'angle C par la double formule

$$\sin C = \frac{\sin c . \sin A}{\sin a} = \frac{\sin c . \sin B}{\sin b},$$

en prenant la *moyenne* entre les deux valeurs trouvées pour C dont l'espèce est d'ailleurs indiquée par le signe de $\cos C$ dans

$$\cos C = -\cos A \cos B + \sin A \sin B \cos c.$$

N. B. — Les quatre relations (1), (2.), (3) et (4), sont connues en Trigonométrie, sous le nom d'*Analogies de Néper* (*).

88. Cinquième et sixième cas. — *Étant donnés deux côtés et l'angle opposé à l'un de ces côtés, trouver les deux autres angles et le troisième côté, réciproquement, étant donnés deux angles et le côté opposé à l'un d'eux, trouver les deux autres et le troisième angle.*

D'abord, soient donnés a, b, A ; on demande B, C, c. Pour déterminer l'angle B, on a recours à la formule

$$\sin B = \frac{\sin b \sin A}{\sin a}.$$

Connaissant alors a, b, A, B, on obtient les valeurs de C et de c au moyen de deux des analogies de Néper, savoir :

$$\cot \frac{1}{2} C = \frac{\tan \frac{1}{2}(A - B) \sin \frac{1}{2}(a + b)}{\sin \frac{1}{2}(a - b)},$$

$$\tan \frac{1}{2} c = \frac{\tan \frac{1}{2}(a - b) \sin \frac{1}{2}(A + B)}{\sin \frac{1}{2}(A - B)}.$$

Soient ensuite donnés A, B, a ; on demande b, C, c. On a

$$\sin b = \frac{\sin B \sin a}{\sin A};$$

puis les quantités C, c s'obtiennent comme tout à l'heure.

89. Le tableau suivant résume tout ce que nous venons de dire sur la résolution des triangles sphériques quelconques.

(*) Les *Analogies de Néper* peuvent aussi se déduire des *Formules de Delambre*. Voir l'*Appendice*, n° **99**.

TABLEAU.

Des formules relatives à la résolution des triangles sphériques quelconques.

DONNÉES.	INCONNUES.
1er CAS. $a, b, c.$	$a + b + c = 2p,$ $$\log \tang \tfrac{1}{2} A = \tfrac{1}{2}\left[\log \sin (p - b) + \log \sin (p - c) + \text{comp.} \log \sin p + \text{comp.} \log \sin (p - a)\right].$$ $\left.\begin{array}{l}\log \tang \tfrac{1}{2} B \\ \log \tang \tfrac{1}{2} C\end{array}\right\}$ s'obtiennent par des formules semblables.
2e CAS. $A, B, C.$	$A + B + C = 2P,$ $$\log \tang \tfrac{1}{2} a = \tfrac{1}{2}\left[\log (-\cos P) + \log \cos (P - A) + \text{comp.} \log \cos (P - B) + \text{comp.} \log \cos (P - C)\right].$$ $\left.\begin{array}{l}\log \tang \tfrac{1}{2} b \\ \log\text{-}\tang \tfrac{1}{2} c\end{array}\right\}$ formules semblables.
3e CAS. $a, b, C.$	$$\log \tang \tfrac{1}{2}(A + B) = \log \cot \tfrac{1}{2} C + \log \cos \tfrac{1}{2}(a - b) + \text{comp.} \log \cos \tfrac{1}{2}(a + b) - 10,$$ $$\log \tang \tfrac{1}{2}(A - B) = \log \cot \tfrac{1}{2} C + \log \sin \tfrac{1}{2}(a - b) + \text{comp.} \log \sin \tfrac{1}{2}(a + b) - 10,$$ $$A = \tfrac{1}{2}(A + B) + \tfrac{1}{2}(A - B), \quad B = \tfrac{1}{2}(A + B) - \tfrac{1}{2}(A - B),$$ $$\log \sin c = \log \sin a + \log \sin C + \text{comp.} \log \sin A - 10.$$
4e CAS. $A, B, c.$	$$\log \tang \tfrac{1}{2}(a + b) = \log \tang \tfrac{1}{2} c + \log \cos \tfrac{1}{2}(A - B) + \text{comp.} \log \cos \tfrac{1}{2}(A + B) - 10,$$ $$\log \tang \tfrac{1}{2}(a - b) = \log \tang \tfrac{1}{2} c + \log \sin \tfrac{1}{2}(A - B) + \text{comp.} \log \sin \tfrac{1}{2}(A + B) - 10,$$ $$a = \tfrac{1}{2}(a + b) + \tfrac{1}{2}(a - b), \quad b = \tfrac{1}{2}(a + b) - \tfrac{1}{2}(a - b),$$ $$\log \sin C = \log \sin c + \log \sin A + \text{comp.} \log \sin A - 10.$$
5e CAS. $a, b, A.$	$$\log \sin B = \log \sin b + \log \sin A + \text{comp.} \log \sin a - 10,$$ $$\log \cot \tfrac{1}{2} C = \log \tang \tfrac{1}{2}(A - B) + \log \sin \tfrac{1}{2}(a + b) + \text{comp.} \log \sin \tfrac{1}{2}(a - b) - 10,$$ $$\log \tang \tfrac{1}{2} c = \log \tang \tfrac{1}{2}(a - b) + \log \sin \tfrac{1}{2}(A + B) + \text{comp.} \log \sin \tfrac{1}{2}(A - B) - 10.$$
6e CAS. $A, B, a.$	$$\log \sin b = \log \sin B + \log \sin a + \text{comp.} \log \sin A - 10.$$ $\left.\begin{array}{l}\log \cot \tfrac{1}{2} C \\ \log \tang \tfrac{1}{2} c\end{array}\right\}$ deuxième et troisième formule du cas précédent.

Discussion.

90. Des *six* cas que présente la résolution d'un triangle sphérique, les *quatre* premiers ne donnent lieu à aucune difficulté réelle ; et chacun d'eux admet *une solution unique*. Encore faut-il, quant aux *deux premiers*, pour que le triangle soit possible, que l'on ait

$$a + b + c < 360° \quad \text{dans le premier cas,}$$
$$A + B + C > 180° \quad \text{dans le second ;}$$

ainsi que cela résulte de la nature des triangles sphériques, et qu'on peut le reconnaître d'après l'inspection des formules relatives à ces deux cas.

Le troisième et le quatrième cas sont toujours susceptibles de solution, comme on peut s'en assurer, soit d'après les données mêmes, soit d'après les formules employées à la détermination des parties inconnues.

Mais les *deux derniers cas* méritent une attention particulière.

On sait déjà qu'un triangle rectiligne dans lequel on donne deux côtés et l'angle opposé, n'est pas toujours possible, ou bien, qu'il existe *un* ou *deux* triangles qui satisfont à l'énoncé. Des circonstances analogues, et en plus grand nombre, ont lieu pour les triangles sphériques ; mais, sans entrer dans tous les détails de ces diverses circonstances, il nous suffira de dire, quant au cas où a, b, A sont donnés, que l'angle D étant déterminé par son *sinus*, on peut obtenir pour log sin B trois résultats différents :

$$\log \sin B > 10, \quad \log \sin B = 10, \quad \log \sin B < 10.$$

1°. Le résultat log sin B $>$ 10 est un signe certain que le triangle est impossible.

2°. Log sin B $=$ 10 indique que B est un angle droit ; on obtient alors *un seul* triangle sphérique qui est rectangle, et dont les autres parties inconnues C, c se déterminent, soit au moyen des principes relatifs aux triangles rectangles, soit à l'aide des formules établies pour le cas que nous examinons.

3°. $\log \sin B < 10$ indique que la question est susceptible de deux solutions, ou bien d'*une seule*, savoir :

De *deux* solutions toutes les fois que les données a, b, A, et chacun des deux angles correspondant à $\log \sin B$, satisfont au deuxième principe énoncé n° **75**, que, *dans tout triangle sphérique, au plus grand côté est opposé le plus grand angle*, et réciproquement;

D'*une seule* solution dans le cas contraire; et l'on ne doit prendre que celui des deux angles correspondant à $\log \sin B$, qui, comparé aux données a, b, A, satisfait au principe que nous venons de citer.

Dans l'hypothèse de *deux* solutions, si l'on désigne par B et par $B' = 180° - B$ les deux angles trouvés, il faut substituer dans les formules qui donnent $\cot \frac{1}{2} C$, $\tang \frac{1}{2} c$, d'abord l'angle B, ce qui donne deux valeurs C, c, puis l'angle B', ce qui en donne deux autres C', c'; et l'on obtient ainsi les deux triangles sphériques

$$ABC, \quad A'B'C'.$$

Des circonstances absolument analogues se reproduisent pour le *sixième* cas; et il est inutile de s'y arrêter.

91. L'exemple suivant suffira pour mettre au fait de la manière d'appliquer les formules relatives à la résolution des triangles sphériques quelconques. C'est un exemple du cinquième cas, mais dans lequel nous ferons usage de toutes les formules précédemment établies.

On donne dans un triangle sphérique ABC,

$$a = 87° 35' 20'', \quad b = 123° 47' 10'', \quad A = 114° 19' 40'';$$

il s'agit de déterminer B, C *et* c.

1°. Calcul de B.

$$\sin B = \frac{\sin b \; \sin A}{\sin a}.$$

$$\log \sin b = \log \sin 56° 12' 50'' = 9,9196634$$
$$\log \sin A = \log \sin 65° 40' 20'' = 9,9596155$$
$$\text{comp. } \log \sin a = 0,0003847$$
$$\log \sin B = 9,8796636$$

d'où

$$B = 49° 17' 15'' \quad \text{ou} \quad 130° 42' 45'';$$

mais l'angle aigu doit être rejeté conformément à ce qui a été dit n° 90.

2°. Calcul de C.

$$\cot \frac{1}{2} C = \frac{\tang \frac{1}{2} (B - A) \sin \frac{1}{2} (b + a)}{\sin \frac{1}{2} (b - a)}.$$

Opérations préliminaires.

$B = 130° 42' 45''$	$B + A = 245° 2' 25''$	$\dfrac{B + A}{2} = 122° 31' 12'',5$
$A = 114° 19' 40''$	$B - A = 16° 23' 5''$	$\dfrac{B - A}{2} = 8° 11' 32'',5$
$b = 123° 47' 10''$	$b + a = 211° 22' 30''$	$\dfrac{b + a}{2} = 105° 41' 15''$
$a = 87° 35' 20''$	$b - a = 36° 11' 50''$	$\dfrac{b - a}{2} = 18° 5' 55''$

$$\log \tang \frac{B - A}{2} = 9,1582603$$

$$\log \sin \frac{1}{2} (b + a) = 9,9835139$$

$$\text{comp. } \log \sin \frac{1}{2} (b - a) = 0,5077239$$

$$\log \cot \frac{1}{2} C = 9,6494981$$

$$\frac{1}{2} C = 65° 57' 18'',4$$

d'où

$$C = 131° 54' 37'' \ldots$$

3°. Calcul de c.

$$\operatorname{tang} \frac{1}{2} c = \frac{\operatorname{tang} \frac{1}{2}(b-a)\,\sin\frac{1}{2}(B+A)}{\sin\frac{1}{2}(B-A)}.$$

$$\log \operatorname{tang} \frac{1}{2}(b-a) = 9,5143133$$

$$\log \sin \frac{1}{2}(B+A) = 9,9259318$$

$$\text{comp. } \log \sin \frac{1}{2}(B-A) = 0,8461944$$

$$\log \operatorname{tang} \frac{1}{2} c = 10,2864395$$

$$\frac{1}{2} c = 62°39'26''$$

d'où
$$c = 125°18'52''$$

VÉRIFICATION.

1°. Calcul de a par les trois angles A, B, C.

$$\operatorname{tang} \frac{1}{2} a = \sqrt{\frac{-\cos P \cos(P-A)}{\cos(P-B)\cos(P-C)}}.$$

Opérations préliminaires.

$$A = 114°19'40'' \qquad P - 180° = 8°28'31'' \qquad P = 188°28'31''$$
$$B = 130°42'45'' \qquad\qquad\qquad\qquad\qquad A = 114°19'40''$$
$$C = 131°54'37'' \qquad\qquad\qquad\qquad\qquad P - A = 74°8'51''$$
$$2P = 376°57'2'' \qquad P = 188°28'31'' \qquad P = 188°28'31''$$
$$P = 188°28'31'' \qquad B = 130°42'45'' \qquad C = 131°54'37''$$
$$P - B = 57°45'46'' \qquad P - C = 56°33'54''$$

$$\log -\cos P = 9,9952312$$
$$\log \cos(P - A) = 9,4364200$$
$$\text{comp. } \log \cos(P - B) = 0,2729259$$
$$\text{comp. } \log \cos(P - C) = 0,2588558$$

$$19,9634329$$

$$\log \operatorname{tang} \frac{1}{2} a = 9,9817164$$

$$\frac{1}{2} a = 43°47'40''$$

$$a = 87°35'20''$$

2°. Calcul de A par les trois côtés a, b, c.

$$\operatorname{tang} \frac{1}{2} A = \sqrt{\frac{\sin (p - b) \sin (p - c)}{\sin p \, \sin (p - a)}}.$$

$$
\begin{aligned}
a &= \ \ 87^{\circ}35'20'' & p &= 168^{\circ}20'41'' & p &= 168^{\circ}20'41'' \\
b &= 123^{\circ}47'10'' & a &= \ \ 87^{\circ}35'20'' & b &= 123^{\circ}47'10'' \\
c &= 125^{\circ}18'52'' & \overline{p - a} &= \ \ 80^{\circ}45'21'' & \overline{p - b} &= \ \ 44^{\circ}33'31'' \\
2p &= 336^{\circ}41'22'' & p &= 168^{\circ}20'41'' & & \\
p &= 168^{\circ}20'41'' & c &= 125^{\circ}18'52'' & & \\
180^{\circ} - p &= \ \ 11^{\circ}39'19'' & \overline{p - c} &= \ \ 43^{\circ}\ \ 1'49'' & &
\end{aligned}
$$

$$
\begin{aligned}
\log \sin (p - b) &= \ \ 9,8461134 \\
\log \sin (p - c) &= \ \ 9,8340294 \\
\operatorname{comp.} \log \sin p &= \ \ 0,6945994 \\
\operatorname{comp.} \log \sin (p - a) &= \underline{\ \ 0,0056773} \\
&\ \ \ \ 20,3804195
\end{aligned}
$$

$$\log \operatorname{tang} \frac{1}{2} A = 10,1902097$$

$$\frac{1}{2} A = \ \ 57^{\circ}\ \ 9'50''$$

$$A = 114^{\circ}19'40''.$$

92. APPLICATION. — *Trouver la distance de deux points du globe dont on connaît la longitude et la latitude.*

Solution. — Dans le triangle sphérique, qui a pour sommets les deux points considérés et le pôle, on connaît les deux côtés qui aboutissent au pôle et l'angle qu'ils comprennent, car ces deux côtés sont les compléments des latitudes des deux lieux, et cet angle est la différence de leurs longitudes. L'arc de grand cercle qui unit les deux points pourra donc être évalué en degrés, à l'aide des formules propres au troisième cas. On convertira ensuite ce nombre de degrés en kilomètres.

93. Nous terminerons par une autre application assez

importante, ayant pour objet de *réduire un angle à l'horizon*.

D'un point O (*fig.* 22) situé dans l'espace, on a dirigé

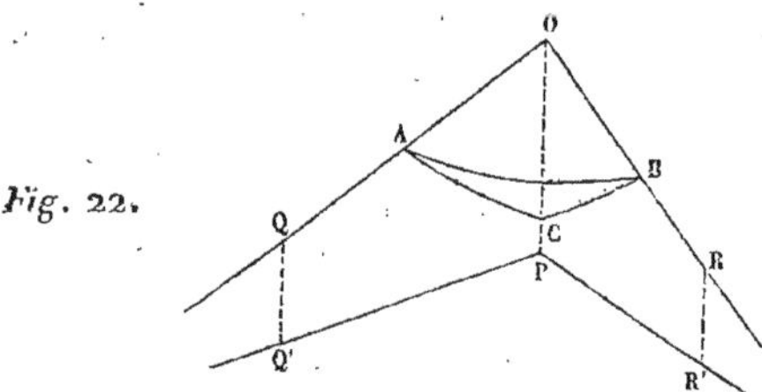

Fig. 22.

des rayons visuels vers deux objets Q, R, et l'on a mesuré l'angle QOR que forment entre eux ces rayons visuels. On a mesuré également les angles QOP, ROP, que forment ces mêmes rayons visuels avec la verticale OP abaissée du point O sur l'horizon. Cela posé, si l'on abaisse des points Q, R, les verticales QQ', RR', et qu'on tire les droites PQ', PR', qui, en terme de *Géométrie descriptive*, sont appelées les *projections horizontales* des rayons visuels OQ, OR, *on demande la grandeur de l'angle* Q'PR', qui n'est autre chose que la projection horizontale de QOR.

(*Voyez*, pour la solution géométrique de cette question, les Traités connus de *Géométrie descriptive*.)

Solution trigonométrique. — Regardons le point O comme le centre d'une sphère dont les intersections avec les plans QOR, QOP, ROP, soient les arcs AB, AC, BC. On forme ainsi un triangle sphérique ABC, dans lequel on connaît les trois côtés puisqu'ils mesurent respectivement les trois angles qu'on suppose donnés; et il s'agit de déterminer l'angle C de ce triangle, car cet angle n'est autre chose que celui des deux plans QOP, ROP, lequel se mesure par l'angle cherché Q'PR'.

Or l'une des formules du n° 84 donne

$$\cos C = \cos P = \frac{\cos c - \cos a \cos b}{\sin a \sin b},$$

c désignant l'angle des deux rayons visuels, et a, b les angles que forment ces rayons visuels avec la verticale.

La combinaison de cette formule avec les relations connues

$$\sin \tfrac{1}{2} C = \sqrt{\frac{1 - \cos C}{2}}, \quad \cos \tfrac{1}{2} C = \sqrt{\frac{1 + \cos C}{2}},$$

$$\tang \tfrac{1}{2} C = \sqrt{\frac{1 - \cos C}{1 + \cos C}},$$

et

$$2p = a + b + c,$$

conduit aux suivantes :

$$\sin \tfrac{1}{2} C = \sqrt{\frac{\sin (p - a) \sin (p - b)}{\sin a \sin b}},$$

$$\cos \tfrac{1}{2} C = \sqrt{\frac{\sin p \sin (p - c)}{\sin a \sin b}},$$

$$\tang \tfrac{1}{2} C = \sqrt{\frac{\sin (p - a) \sin (p - b)}{\sin p \sin (p - c)}},$$

qui sont également propres à faire connaître l'angle C par le moyen des logarithmes.

* APPENDICE.

RÉSOLUTION DES ÉQUATIONS DU DEUXIÈME DEGRÉ,
PAR LES TABLES TRIGONOMÉTRIQUES.

94. L'emploi d'un angle auxiliaire peut servir à calculer par logarithmes les racines de l'équation

$$(1) \qquad x^2 + px + q = 0.$$

A cet effet, nous distinguerons plusieurs cas :

1°. *Cas des racines réelles et de même signe.* — On peut écrire les formules de résolution comme il suit :

$$(2) \qquad x = -\frac{p}{2}\left(1 \pm \sqrt{1 - \frac{4q}{p^2}}\right).$$

Les racines étant supposées réelles et de même signe, il en résulte que $\dfrac{4q}{p^2}$ est une fraction moindre que l'unité et positive. On peut donc poser

$$\sin^2 \varphi = \frac{4q}{p^2},$$

ce qui donne pour φ une valeur réelle et calculable par logarithmes. Il en résulte

$$x = -\frac{p}{2}(1 \pm \cos \varphi),$$

où, en séparant les racines,

$$x' = -p\,\frac{(1 + \cos \varphi)}{2}, \qquad x'' = -p\,\frac{(1 - \cos \varphi)}{2},$$

B.   10 et, d'après les formules du n° 23,

$$x' = - p \cos^2 \tfrac{1}{2}\varphi, \quad x'' = - p \sin^2 \tfrac{1}{2}\varphi.$$

2°. *Cas de racines réelles et de signes contraires.* — Dans ce cas, q est négatif; $-\dfrac{4q}{p^2}$ est donc positif, et l'on peut poser

$$\operatorname{tang}^2 \varphi = - \frac{4q}{p^2}.$$

Par suite, les formules (2) deviennent

$$x = - \frac{p}{2}\left(1 \pm \sqrt{1 + \operatorname{tang}^2 \varphi}\right) = - \frac{p}{2}\left(1 \pm \frac{1}{\cos \varphi}\right),$$

et, en séparant les racines,

$$x' = - \frac{p}{2}\left(\frac{\cos \varphi + 1}{\cos \varphi}\right), \quad x'' = - \frac{p}{2}\left(\frac{\cos \varphi - 1}{\cos \varphi}\right),$$

ou bien (n° 23)

$$x' = - \frac{p \cos^2 \dfrac{\varphi}{2}}{\cos \varphi}, \quad x'' = - \frac{p \sin^2 \dfrac{\varphi}{2}}{\cos \varphi};$$

valeurs calculables par logarithmes.

3°. *Cas des racines imaginaires.* — On peut écrire

$$x = - \frac{p}{2} \pm q \sqrt{1 - \frac{p^2}{4q}} \sqrt{-1},$$

et la partie réelle étant immédiatement connue, il restera à calculer le coefficient de $\sqrt{-1}$; on y parviendra en posant

$$\frac{p^2}{4q} = \sin^2 \varphi;$$

d'où

$$q \sqrt{1 - \frac{p^2}{4q}} = q \sqrt{1 - \sin^2 \varphi} = q \cos \varphi.$$

RÉSOLUTION DES ÉQUATIONS DU TROISIÈME DEGRÉ.

95. Toute équation du troisième degré peut se ramener à la forme

$$(1) \qquad x^3 + px + q = 0;$$

et l'on a vu (*Algèbre*, 10ᵉ édition, nᵒ 391) que si l'on désignait par α et α^2 les racines cubiques imaginaires de l'unité, et si l'on posait

$$m = \sqrt[3]{-\frac{q}{2} + \sqrt{\frac{q^2}{4} + \frac{p^3}{27}}},$$

$$n = \sqrt[3]{-\frac{q}{2} - \sqrt{\frac{q^2}{4} + \frac{p^3}{27}}},$$

les racines de l'équation (1) étaient

$$m + n, \qquad m\alpha + n\alpha^2, \qquad m\alpha^2 + n\alpha.$$

Le but que nous devons nous proposer maintenant est de rendre ces formules calculables par logarithmes. Nous distinguerons deux cas :

96. 1º. *Une seule racine de l'équation* (1) *est réelle.*

Dans ce cas, on a $\frac{q^2}{4} + \frac{p^3}{27} > 0$, et m et n sont réelles; mais, si l'on observe que m^3 et n^3 sont les racines de l'équation du deuxième degré

$$z^2 = qz - \frac{p^3}{27} = 0,$$

on voit que ces quantités pourront se calculer par logarithmes, à l'aide des formules du paragraphe précédent; m et n étant calculées, ou simplement exprimées à l'aide de l'angle auxiliaire φ des formules citées, l'emploi d'un second angle auxiliaire fera connaître leur somme $m + n$.

En effet, on peut écrire

$$m + n = m\left(1 + \frac{n}{m}\right),$$

et si (en supposant $\frac{n}{m}$ positif) on pose

$$\frac{n}{m} = \mathrm{tang}^2\,\psi,$$

on aura

$$m + n = x' = m(1 + \mathrm{tang}^2\,\psi) = \frac{m}{\cos^2\psi}:$$

x' sera donc calculable par logarithmes.

A l'égard des racines x'' et x''', en remplaçant α et α^2 par leurs valeurs, on parviendra facilement à séparer et à calculer leur partie réelle ainsi que le coefficient de $\sqrt{-1}$.

97. 2°. *Les trois racines de l'équation* (1) *sont réelles.*

On sait que dans ce cas $\frac{q^2}{4} + \frac{p^3}{27}$ est négatif, et que, par suite, m et n sont imaginaires. On pourrait calculer ces valeurs par les formules du troisième cas (n° 94); mais il est préférable de ramener l'équation proposée à celle que l'on obtient en cherchant le sinus du tiers d'un arc, et qui est (n° 26)

$$(2) \qquad x^3 - \frac{3}{4}x + \frac{\sin a}{4} = 0.$$

A cet effet, divisons par une indéterminée ρ toutes les racines de l'équation (1), qui deviendra ainsi

$$(3) \qquad x^3 + \frac{p}{\rho^2}x + \frac{q}{\rho^3} = 0.$$

Pour que cette équation soit identique à la précédente, il

faut que l'on ait

$$\frac{p}{\rho^2} = -\frac{3}{4}, \quad \frac{q}{\rho^3} = \frac{\sin a}{4};$$

d'où

$$(4) \quad \rho = \sqrt{-\frac{4p}{3}}, \quad \sin a = \frac{4q}{\sqrt{-\frac{64p^3}{27}}} = \sqrt{\frac{27q^2}{-4p^3}}.$$

Les valeurs de ρ et de $\sin a$ sont admissibles, car, dans le cas qui nous occupe, p doit être négatif, et il faut que $\frac{27q^2}{4p^3}$ soit, en valeur absolue, moindre que l'unité.

ρ et a étant déterminées par les formules (4), les racines de l'équation (3) seront, d'après le résultat de la discussion du n° 26,

$$\sin\frac{a}{3}, \quad \sin\frac{a+2\pi}{3}, \quad \sin\frac{a+4\pi}{3},$$

et, par suite, l'équation (1) aura pour racines

$$\rho\sin\frac{a}{3}, \quad \rho\sin\frac{a+2\pi}{3}, \quad \rho\sin\frac{a+4\pi}{3},$$

expressions calculables par logarithmes.

SUR QUELQUES FORMULES DE TRIGONOMÉTRIE SPHÉRIQUE.

98. Nous allons donner ici quelques formules dont nous avons pu nous passer pour la résolution des triangles sphériques, mais qu'il est cependant bon de connaître.

Relation entre deux côtés, l'angle compris et l'angle opposé à l'un d'eux. — Cette relation s'obtient en remplaçant, dans la formule

$$\cos a = \cos b \cos c + \sin b \sin c \cos A,$$

$\cos c$ par $\cos a \cos b + \sin a \sin b \cos C$, et $\sin c$ par $\dfrac{\sin a \sin C}{\sin A}$. On a ainsi

$$\cos a = \cos a \cos^2 b + \sin a \cos b \sin b \cos C$$
$$+ \frac{\sin a \sin b \sin C \cos A}{\sin A};$$

d'où l'on tire, en faisant passer $\cos a \cos^2 b$ dans le premier membre et divisant par $\sin a \sin b$,

$$\cot a \sin b = \cos b \cos C + \cot A \sin C.$$

Cette formule en fournit cinq autres, par la permutation des lettres.

99. *Formules de Delambre.* — Ces formules sont les suivantes :

$$\sin \frac{1}{2}(A + B) = \frac{\cos \frac{1}{2}(a - b)}{\cos \frac{1}{2} c} \cos \frac{1}{2} C.$$

$$\sin \frac{1}{2}(A - B) = \frac{\sin \frac{1}{2}(a - b)}{\sin \frac{1}{2} c} \cos \frac{1}{2} C,$$

$$\cos \frac{1}{2}(A + B) = \frac{\cos \frac{1}{2}(a + b)}{\cos \frac{1}{2} c} \sin \frac{1}{2} C,$$

$$\cos \frac{1}{2}(A - B) = \frac{\sin \frac{1}{2}(a + b)}{\sin \frac{1}{2} c} \sin \frac{1}{2} C.$$

Nous allons faire voir comment on obtient la première ; les autres se calculeront de la même manière.

Dans la formule

$$\sin \frac{1}{2}(A + B) = \sin \frac{1}{2} A \cos \frac{1}{2} B + \sin \frac{1}{2} B \cos \frac{1}{2} A,$$

remplaçons $\sin \frac{1}{2} A$, $\cos \frac{1}{2} B$, etc., par leurs valeurs tirées des formules (86). On aura

$$\sin \frac{1}{2}(A+B) = \frac{\sin(p-b)+\sin(p-a)}{\sin c} \sqrt{\frac{\sin p \sin(p-c)}{\sin a \sin b}},$$

mais on a $\left(\text{n}^{os}\ 86,\ 31,\ 21\right)$

$$\sqrt{\frac{\sin p \sin(p-c)}{\sin a \sin b}} = \cos \frac{1}{2}C,$$

$$\sin(p-b)+\sin(p-a) = 2 \sin \frac{1}{2}c \cos\left(\frac{a-b}{2}\right),$$

$$\sin c = 2 \sin \frac{1}{2}c \cos \frac{1}{2}c;$$

donc

$$\sin \frac{1}{2}(A+B) = \frac{\cos \frac{1}{2}(a-b)}{\cos \frac{1}{2}c} \cos \frac{1}{2}C.$$

Les formules de Néper se déduisent très-simplement de celles de Delambre, en divisant la première par la troisième, la seconde par la quatrième, la quatrième par la troisième, et la seconde par la première.

USAGE D'UN ANGLE AUXILIAIRE POUR RENDRE LES FORMULES

CALCULABLES PAR LOGARITHMES.

100. On a déjà vu (n° 94) comment l'emploi d'un angle auxiliaire permettait de calculer certaines formules auxquelles les logarithmes ne sont pas immédiatement applicables. Nous allons encore donner un exemple de cet artifice.

Supposons qu'on veuille tirer la valeur de l'angle c de la formule

$$\cos a = \cos b \cos c + \sin b \sin c \cos A;$$

je l'écris ainsi :

$$\cos a = \cos b (\cos c + \sin c \, \tang b \cos A).$$

Je pose, ce qui est toujours permis,

$$\tan \varphi = \tan b \, \cos A ;$$

l'angle φ étant calculé, j'aurai

$$\cos a = \cos b \, (\cos c + \sin c \, \tan \varphi)$$

$$= \cos b \left(\frac{\cos c \, \cos \varphi + \sin c \, \sin \varphi}{\cos \varphi} \right)$$

$$= \cos b \, \frac{\cos (c - \varphi)}{\cos \varphi},$$

d'où

$$\cos (c - \varphi) = \frac{\cos a \, \cos \varphi}{\cos b}.$$

De cette formule, calculable par logarithmes, je déduis
$c - \varphi$ et, par suite, l'angle inconnu.

FIN.

TABLE

DES

QUESTIONS DU PROGRAMME OFFICIEL,

AVEC L'INDICATION DES ENDROITS DE L'OUVRAGE
OÙ L'ON EN TROUVERA LA SOLUTION.

Principes généraux.

Trigonométrie rectiligne.

FIN DE LA TABLE DES QUESTIONS DU PROGRAMME OFFICIEL.

TABLE DES MATIÈRES.

(Les articles que l'on a marqués d'un * ne font pas partie du *Programme du Baccalauréat ès Sciences,* mais sont exigés pour l'admission à l'École Polytechnique. — Ceux que l'on a marqués de ** ne sont exigés pour aucune École.)

*CHAPITRE III.

TRIGONOMÉTRIE SPHÉRIQUE.

* APPENDICE.

FIN DE LA TABLE DES MATIÈRES.